Mahmoud Alagawany
Mohamed El-Hindawy
Ali Askar

Proteínas e aminoácidos na alimentação de galinhas poedeiras

Mahmoud Alagawany
Mohamed El-Hindawy
Ali Askar

Proteínas e aminoácidos na alimentação de galinhas poedeiras

ScienciaScripts

Imprint

Cover image: www.ingimage.com

This book is a translation from the original published under ISBN 978-3-659-76639-8.

Publisher:
Sciencia Scripts
is a trademark of
Dodo Books Indian Ocean Ltd. and OmniScriptum S.R.L publishing group

120 High Road, East Finchley, London, N2 9ED, United Kingdom
Str. Armeneasca 28/1, office 1, Chisinau MD-2012, Republic of Moldova, Europe
Managing Directors: Ieva Konstantinova, Victoria Ursu
info@omniscriptum.com

Printed at: see last page
ISBN: 978-620-8-37800-4

Proteínas e aminoácidos na alimentação das galinhas poedeiras
Editado por
Mahmoud Mohammed Alagawany, Ph.D.
Professor de Nutrição Avícola, Departamento de Avicultura, Zagazig Universidade, Zagazig, Egito
Mohamed Mohamed El-Hindawy
Professor Emérito de Nutrição de Aves, Departamento de Aves, Universidade de Zagazig, Zagazig, Egito
Ali Abd-Razik Askar
Professor de Fisiologia Avícola, Departamento de Avicultura, Zagazig Universidade, Zagazig, Egito

RESUMO

Os objectivos deste estudo foram investigar quantitativamente o efeito dos níveis dietéticos de proteína e de aminoácidos sulfurados totais no desempenho e na qualidade dos ovos, bem como na digestibilidade dos nutrientes da dieta, na poluição ambiental por azoto, em alguns parâmetros bioquímicos do sangue e na composição química dos ovos de galinhas poedeiras Lohmann Brown.

Foi efectuado um tratamento fatorial 3×3 para estudar o efeito de três níveis de proteína bruta (16, 18 e 20%) e três níveis de aminoácidos sulfurados totais (0,67, 0,72 e 0,77%). Um número total de 180 galinhas Lohmann Brown de 18 semanas de idade foram divididas aleatoriamente em 9 grupos experimentais com 5 réplicas cada. As galinhas de todos os grupos experimentais tinham praticamente o mesmo peso médio inicial.

Os resultados obtidos mostraram que o número de ovos e a massa de ovos aumentaram (P<0,01) para as galinhas alimentadas com dietas com 20 e 18% de PC versus 16% de proteína durante o período de 26-30 semanas de idade. Não se registaram efeitos significativos dos níveis de proteína da dieta sobre a globulina, o ácido úrico e a creatina, enquanto a proteína total, o albúmen e a ureia das galinhas alimentadas com a dieta rica e moderada em proteínas foram significativamente superiores aos das galinhas alimentadas com a dieta pobre em proteínas, a partir das 30-34 semanas. Os valores de eficiência alimentar e de utilização de proteínas foram melhorados com 0,67 e 0,72% de TSAA durante as 26-30 semanas de idade. No entanto, o consumo de ração e a utilização de proteínas nas outras idades estudadas não foram significativamente afectados pelos níveis de TSAA. Os critérios de composição química do ovo inteiro (humidade, sólidos do ovo, proteína do ovo, extrato etéreo, extrato isento de azoto, matéria orgânica e minerais totais) não foram influenciados pelo TSAA

na dieta das galinhas Lohmann durante as 18-34 semanas de idade. Não houve efeitos significativos dos níveis de proteína da dieta sobre a globulina, a relação A/G, o ácido úrico e a creatina, enquanto a proteína total, o albúmen e a ureia das galinhas alimentadas com a dieta rica e moderada em proteínas foram significativamente (P<0,05) superiores aos das galinhas alimentadas com a dieta pobre em proteínas às 34 semanas.

A digestibilidade da matéria seca (MS), da matéria orgânica (MO) e do extrato etéreo (EE) melhorou significativamente (p<0,01) com a diminuição dos níveis de proteína. O TSAA afectou significativamente (p<0,05 ou 0,01) o consumo de azoto e o azoto excretado, sendo que 0,72% de TSAA registou os valores mais elevados para a quantidade total de azoto consumido, 3,98 g/d, e para o azoto removido nos excrementos, 0,527 g/d, em comparação com outros níveis. Em conclusão, os melhores critérios de produção podem ser obtidos com a utilização de 0,72% de TSAA. Além disso, recomenda-se um nível alimentar de 20% de PC com 0,72% de TSAA para alimentar as galinhas

Lohmann durante todo o período experimental (18-34 semanas de idade), mas, do ponto de vista ecológico e sanitário, a redução das proteínas nas dietas das poedeiras (16%) com a suplementação de aminoácidos essenciais (metionina + cistina) poderia desempenhar um papel significativo na redução da poluição por azoto proveniente do estrume das aves.

RECONHECIMENTO

Antes de mais, quero expressar a minha sincera gratidão e o meu profundo agradecimento a ALLAH, o Criador dos céus e da terra. O Misericordioso que nos dá tudo, especialmente o seu dom do EL-ISLAM, e que me dá a força e a paciência para completar este trabalho.

Dr. Mohammed Mohammed El- Hindawy, Professor de Nutrição Avícola, Departamento de Avicultura, Faculdade de Agricultura, Universidade de Zagazig, por ter sugerido o problema, por ter supervisionado de perto este trabalho, por ter concebido o plano de trabalho, pela grande ajuda prestada durante a realização do presente trabalho, pela orientação e pela valiosa discussão.

Agradeço também ao Dr. Ali Abd El-razek Askar, professor associado de Gestão de Aves de Capoeira, Departamento de Aves de Capoeira, Faculdade de Agricultura, Universidade de Zagazig, pela sua supervisão deste trabalho, pela sua ajuda na conceção do plano de trabalho, pela sua grande ajuda durante a realização do presente trabalho, pela sua valiosa discussão e revisão do manuscrito.

Dr. Adel Ibrahim Attia, Professor de Nutrição de Aves, Departamento de Aves, Faculdade de Agricultura, Universidade de Zagazig, pelo seu apoio e ajuda na revisão do manuscrito.

Por fim, o meu agradecimento muito especial é reservado à minha família e a todas as pessoas que partilharam e me ajudaram a tornar este trabalho possível.

ÍNDICE DE CONTEÚDOS:

LISTA DE ABREVIATURAS

ADMD	Apparent dry matter digestibility
A/G ratio	Albumen/ globulin ratio
ALT	Alanine amino transferase
AST	Aspartate amino transferase
A.O.A.C.	Association of Official Analytical Chemists
BWG	Body weight gain
CBW	Change of body weight
CF	Crude fiber
CFD	Crude fiber digestibility
CP	Crude protein
CPD	Crude protein digestibility
DM	Dry matter
EE	Ether extract
EED	Ether extract digestibility
EM	Egg mass
ESI	Egg shape index
EW	Egg weight
FCR	Feed conversion ratio
FER	Feed efficiency ratio
FI	Feed intake
HU	Haugh unit
Kcal	Kilo calorie
Kg	Kilo gram
LBW	Live body weight
Met	Methionine
Met+ Cys	Methionine + Cystine
NFE	Nitrogen free extract
OM	Organic matter
PU	Protein utilisation
TSAA	Total sulfur amino acids
USSW	Unit surface shell weight
Y: A ratio	Yolk : albumen ratio

CAPÍTULO 1

1. INTRODUÇÃO

Uma das funções importantes dos nutricionistas é reduzir o custo dos alimentos para animais, assegurando simultaneamente a eficiência da utilização de dietas com baixo/alto teor de proteínas suplementadas com aminoácidos sintéticos, de modo a cumprir ou exceder os padrões mínimos de aminoácidos sugeridos pelo NRC (1994). Uma nutrição adequada é um primeiro passo importante para otimizar o desempenho e o crescimento dos animais, bem como para reduzir os impactos negativos no ambiente.

A maximização dos lucros da produção de ovos depende do desempenho do bando, dos preços dos ovos e dos alimentos para animais e da gestão da exploração. Muitos factores têm alguns efeitos no desempenho produtivo das aves poedeiras. Factores como os níveis de nutrientes da dieta devem ser optimizados e não maximizados para otimizar os lucros. Por exemplo, dependendo dos preços dos ovos e da ração, o desempenho máximo pode ou não resultar em lucros máximos.

A manutenção ou a melhoria do desempenho das galinhas poedeiras, ou ambos, pode ser conseguida através da maximização da utilização dos nutrientes dos alimentos actuais. Embora a elevada produção de ovos e a eficiência da postura sejam caraterísticas da galinha poedeira moderna, é necessário reduzir os custos de produção e a poluição ambiental. No Egito, o milho e a farinha de soja são os principais ingredientes que fornecem energia e proteínas brutas nas dietas comerciais das aves de capoeira.

Atualmente, a principal questão é a carga de azoto do estrume. O nível de azoto no estrume é o mais variável, uma vez que o sistema de alojamento e o tipo de armazenamento do estrume podem ter um efeito dramático na perda de azoto sob a forma de amoníaco. A maior parte do azoto excretado pela ave diz respeito a material não digerido e aos aminoácidos que estão desequilibrados em relação às necessidades imediatas de síntese de tecidos ou de ovos.

A excreção de azoto pode ser drasticamente reduzida através do fornecimento de um equilíbrio de aminoácidos que satisfaça mais exatamente as necessidades da ave com um mínimo de excesso, e também através do fornecimento destes aminoácidos numa forma facilmente digerível. Com a metionina agora disponível a preços competitivos, é possível formular regimes alimentares práticos que forneçam um excesso mínimo de aminoácidos e de azoto não proteico. Infelizmente, parece não ser possível levar esta abordagem à sua conclusão lógica e formular regimes alimentares com níveis muito baixos de proteínas brutas que contenham níveis regulares de aminoácidos essenciais. No entanto, podemos facilmente reduzir o fornecimento de proteína bruta em 15 a 20% se a utilização de aminoácidos sintéticos for económica ou se houver um custo associado à eliminação dos nutrientes do estrume. A estratégia alimentar na produção avícola ganhou uma nova perceção com o advento dos problemas ambientais relacionados com a poluição por azoto (N) proveniente de estrume animal. Anteriormente, os ajustamentos da dieta às necessidades das aves de capoeira tinham como objetivo maximizar o desempenho da produção sem uma preocupação especial com o excesso de nutrientes, especialmente proteínas e aminoácidos. As recentes restrições ambientais obrigaram a basear a alimentação em proteínas/aminoácidos não só em termos de N retido nos produtos animais, mas também em termos da fração não utilizada do N ingerido.

Os objectivos deste estudo foram investigar quantitativamente o efeito dos níveis dietéticos de proteína e de aminoácidos sulfurados totais sobre o desempenho e a qualidade dos ovos, bem como a digestibilidade dos nutrientes da dieta, a poluição ambiental por azoto, alguns parâmetros bioquímicos sanguíneos e a composição química do ovo de galinhas poedeiras Lohmann Brown.

CAPÍTULO 2

2. REVISÃO DA LITERATURA

2.1. Desempenho produtivo:

2.1.1. Peso corporal vivo e variação do peso corporal:

2.1.1.1. Efeito dos níveis de proteína:

As poedeiras Leghorn brancas foram utilizadas para estudar os efeitos de níveis graduais de proteína alimentar 12,0, 14,0, 16,0, 18,0 e 20,0%, na taxa de produção de ovos (Gabriel e Babatunde, 1976). Todas as poedeiras, exceto as que foram alimentadas com a dieta de 18% de proteínas, perderam peso em graus variáveis, sendo as aves alimentadas com a dieta de 12% de proteínas as que mais perderam.

Vários estudos examinaram os efeitos das dietas pobres em proteínas na alimentação das galinhas poedeiras. Num trabalho inicial, Keshavarz (1984) observou um menor peso corporal às 20 semanas e uma diminuição do desempenho durante a fase inicial do ciclo de produção de ovos quando as galinhas receberam dietas pobres em proteínas durante o período de criação.

Calderon e Jensen (1990) alimentaram galinhas poedeiras White Leghorn com diferentes níveis de proteína 13, 16 ou 19% durante o período de produção. Verificaram que o ganho de peso corporal aumentava geralmente com o aumento dos níveis de PC.

Grobas et al. (1999), Keshavarz e Nakajima (1995) e Sohail et al. (2003) não relataram nenhum efeito significativo da redução dos níveis de proteína da dieta sobre o peso corporal, a melhoria do peso corporal com a redução da proteína da dieta pode ser devida à disponibilidade e ao equilíbrio dos aminoácidos fornecidos pela dieta testada. No entanto, Yakout (2010) referiu que os níveis de PC da dieta afectam significativamente ($P<0,01$) a alteração do peso corporal. As poedeiras alimentadas com os níveis mais elevados de PC registaram o melhor valor de peso corporal.

Hassan et al. (2000) e Yakout (2000) referiram que não se registaram diferenças significativas na média geral do peso corporal com os diferentes níveis de proteína nas dietas das galinhas poedeiras, mas o peso corporal final aumentou ligeiramente com a dieta de baixa proteína (16% PC) em comparação com outras dietas.

Meluzzi et al. (2001) alimentaram galinhas castanhas Hy-Line, com 24 semanas de idade, com três concentrações proteicas diferentes: 170 (controlo), 150 e 130 g/kg PC. Indicaram que o peso corporal final às 40 semanas de idade não foi afetado pelos diferentes níveis de proteínas.

Chaiyapoom et al. (2005) utilizaram três níveis de proteína na dieta (14, 16 e 18% PC) para alimentar galinhas poedeiras comerciais (Babcock B-308) das 21 às 33 semanas de idade. Verificaram que o peso corporal final e a alteração do peso corporal não foram significativamente afectados pelos diferentes níveis de proteínas da dieta.

Junqueira et al. (2006) alimentaram galinhas poedeiras com diferentes níveis de proteína (16, 18 e 20% PC) durante o segundo período de produção. Os aumentos nos níveis de proteína da dieta não melhoraram o peso corporal final no final do período experimental.

Bouyeh e Georgiana (2011) relataram que a mudança de peso corporal foi significativamente afetada por diferentes níveis de proteína, onde os níveis mais elevados de proteína 14% registaram o melhor peso corporal vivo em comparação com os níveis mais baixos de proteína (13%) para poedeiras Hy-Line após o pico de produção.

2.1.1.2. Efeito dos níveis de TSAA:

Calderon e Jensen (1990) e William et al. (2005) descobriram que o ganho de peso corporal de galinhas poedeiras de pernilongo branco geralmente aumentava com a suplementação gradual de metionina de 0 a 0,1 e 0,15%, mas a necessidade de metionina para o peso corporal máximo não parecia aumentar com o aumento da concentração de proteína.

Novak et al. (2006) relataram que a TSAA não influenciou significativamente o ganho de peso corporal para a Hy-line W-36 durante as 20 a 43 semanas de idade. Enquanto Hassan et al. (2003) e Abdalla et al. (2005) afirmaram que os diferentes níveis de metionina não tiveram qualquer efeito na alteração do peso corporal das galinhas poedeiras.

Gomez e Angeles (2009) relataram que o peso corporal final aumentou ($P < 0,01$) com o aumento dos níveis de metionina na dieta (0,19, 0,32, 0,45 e 0,58%) em galinhas poedeiras no segundo ciclo produtivo, atingindo um valor máximo no nível mais alto de Met.

Zeweil et al. (2011) investigaram o efeito da alimentação com diferentes níveis de metionina (1,673, 2,000, 2,327 e 2,754% de proteína bruta) sobre o desempenho de galinhas poedeiras Baheij de 28 a 48 semanas de idade. Afirmaram que os diferentes níveis de metionina não tiveram qualquer efeito no peso corporal.

2.1.1.3. Efeito de interação entre a proteína e a TSAA:

Keshavarz e Jackson (1992) verificaram que as alterações do peso corporal durante toda a experiência foram menores para as galinhas alimentadas com uma dieta pobre em proteínas a 15% com suplemento de aminoácidos do que para o grupo de controlo a 18%.

O ganho de peso corporal aumentou com os níveis de PC e com a suplementação de metionina, mas a exigência de metionina para o peso corporal máximo não pareceu aumentar com o aumento da concentração de proteína (Novak et al., 2006).

Abd El-Maksoud et al. (2011) referiram que o efeito de interação entre a proteína e a metionina mostrou diferenças insignificantes no peso corporal final no final da experiência, às 44 semanas de idade, em galinhas poedeiras locais.

Zeweil et al. (2011) verificaram que os efeitos de interação entre a proteína (12, 14 e 16%) e a metionina (1,673, 2,000, 2,327 e 2,754% de proteína bruta) foram insignificantes sobre o peso corporal no final do período experimental (48 semanas de idade).

2.1.2. Consumo de alimentos:

2.1.2.1. Efeito dos níveis de proteína:

Hsu et al. (1998) não registaram qualquer efeito significativo no consumo diário de ração para diferentes dietas proteicas (170 e 140 g/kg) de galinhas poedeiras comerciais durante a primeira fase de produção. No mesmo contexto, Moustafa et al. (2005) referiram que o consumo de ração não foi afetado de forma significativa por diferentes níveis de proteína nas dietas de galinhas poedeiras locais durante a primeira fase de produção.

Meluzzi et al. (2001) alimentaram galinhas castanhas Hy-Line, com 24 semanas de idade, com três concentrações proteicas diferentes: 170 (controlo), 150 e 130 g/kg PC. Verificaram que a ingestão de alimentos (g/galinha por dia) não foi significativamente influenciada pelos níveis de proteína da dieta.

Chaiyapoom et al. (2005) utilizaram três níveis de proteína da dieta (14, 16 e 18% PC) na alimentação de galinhas poedeiras comerciais (Babcock B-308) das 21 às 33 semanas de idade. Verificaram que o consumo de ração não foi significativamente afetado pelos níveis de proteína da dieta.

Junqueira et al. (2006) alimentaram galinhas poedeiras com dietas experimentais com diferentes níveis de proteína (16, 18 e 20% PB) durante o segundo período de produção. Observaram que o aumento dos níveis de proteína da dieta melhorou significativamente o consumo de ração.

Abd El-Maksoud et al. (2011) estudaram o efeito dos níveis de proteína bruta (PB) na dieta (12, 14 e 16%) sobre o desempenho de galinhas poedeiras locais de 32 a 44 semanas de idade. Verificaram que se registava um aumento do consumo de ração quando as aves eram alimentadas com dietas com baixo teor de proteínas.

Bouyeh e Gevorgian (2011) relataram que o consumo de ração foi significativamente afetado por diferentes níveis de proteína, onde os altos níveis de proteína (14%) registaram o melhor valor (111,95g/d), enquanto os baixos níveis de proteína (13%) registaram o menor (99,27g/d).

Zeweil et al. (2011) investigaram o efeito da alimentação com diferentes níveis de proteína (12, 14 e 16 %) no desempenho das galinhas poedeiras Baheij durante o período experimental de 28-48 semanas de idade.

2.1.2.2. Efeito dos níveis de TSAA:

Schutte et al. (1983) verificaram que não havia influência significativa (P<0,05) do nível de metionina no consumo de ração das galinhas poedeiras. O NRC (1994) referiu que as galinhas poedeiras de ovos brancos com um consumo diário de 100 g de ração necessitavam de 0,30% de metionina e 0,58% de TSAA nas dietas, ou 300 e 580 mg de metionina e TSAA por galinha diariamente, respetivamente. Da mesma forma, Rostagno (1990) sugere que as galinhas com um consumo diário de ração de 105 g necessitavam de 0,311% de metionina e 0,567% de TSAA ou 327 e 595 mg de metionina e TSAA por dia, respetivamente.

Shafer et al. (1998) estudaram a influência de níveis suplementares de metionina que variavam entre 413 e 556 mg por galinha por dia (mg/HD) no desempenho produtivo de poedeiras adultas (29 semanas de idade). Verificaram que o consumo de ração tinha aumentado significativamente com a diminuição dos níveis de metionina.

Abdalla et al. (2005) não observaram qualquer efeito significativo dos níveis de TSAA no consumo de ração da estirpe Gimmizah durante a fase de produção de ovos. Pelo contrário, Hassan et al. (2003) referiram que o aumento da metionina na dieta das galinhas poedeiras aumentava o consumo de ração.

Pavan et al. (2005) verificaram que não houve diferença significativa no consumo de ração com os diferentes níveis de TSAA (0,64, 0,71 e 0,74) em dietas para galinhas poedeiras. Por sua vez, Sá et al. (2007) verificaram que os diferentes níveis de metionina + cistina (0,517, 0,569, 0,624, 0,679 e 0,734%) não afectaram o consumo de ração das galinhas poedeiras.

A adição de seis níveis de DL-metionina a uma dieta basal contendo 14,4% de proteína bruta resultou em teores de TSAA de 0,484, 0,534, 0,584, 0,634, 0,684 e 0,734%. Esta experiência decorreu entre as 22 e as 38 semanas de idade das galinhas poedeiras White-Egg. O aumento do TSAA de 0,484 para 0,734% teve um efeito quadrático no consumo de ração (William et al., 2005).

Safaa et al. (2008) estudaram o efeito da redução do teor de metionina (0,36 vs. 0,31%) de dietas isoenergéticas no desempenho produtivo de galinhas poedeiras castanhas no ciclo de produção de larvas. Os autores relataram que o consumo de ração não foi afetado pelos diferentes níveis de metionina.

Gomez e Angeles (2009) realizaram um experimento para avaliar variáveis produtivas de galinhas poedeiras no segundo ciclo produtivo que foram alimentadas com uma dieta de baixa proteína com níveis crescentes de metionina (0,19, 0,32, 0,45 e 0,58%). O consumo diário de ração (P < 0,01) atingiu a maior resposta com um nível de 0,32% de metionina. Os resultados observados assemelham-se muito aos relatados por outros investigadores (Solarte et al., 2005).

Zeweil et al. (2011) não observaram nenhum efeito significativo do TSAA no consumo de ração, quando galinhas poedeiras foram alimentadas com diferentes níveis de TSAA (1,673, 2,000,

2,327 e 2,754% de proteína bruta) durante 28-48 semanas de idade.

2.1.2.3. Efeito de interação entre a proteína e a TSAA:

Zeweil et al. (2011) investigaram o efeito da alimentação com diferentes níveis de proteína (12, 14 e 16%) e metionina (1,673, 2,000, 2,327 e 2,754% de proteína bruta) no desempenho de galinhas poedeiras Baheij durante 28-48 semanas de idade. Encontraram um efeito insignificante devido à interação entre os níveis de proteína e de metionina na ingestão de alimentos.

2.1.3. Eficiência alimentar:

2.1.3.1. Efeito dos níveis de proteína:

Gabriel e Babatunde (1976) mencionaram que o consumo de ração por dúzia de ovos diminuiu até à dieta com 16% de proteínas e depois aumentou ligeiramente, quando o pernilongo branco foi alimentado com diferentes níveis de proteínas (12,0, 14,0, 16,0, 18,0 e 20,0%) durante a fase de produção de ovos.

Murakami (1991) observou uma melhor conversão alimentar por massa de ovos em galinhas alimentadas com dietas que continham níveis de proteína entre 19 e 20%, enquanto Pinto (1998) relatou uma melhoria na conversão alimentar por massa de ovos em galinhas alimentadas com dietas até 22% de PC.

Hsu et al. (1998) avaliaram a resposta das poedeiras a uma dieta pobre em proteínas (14%) ou a uma dieta de controlo (17%) num período experimental de 5 semanas e encontraram respostas semelhantes a ambas as dietas em termos de taxa de conversão alimentar.

Meluzzi et al. (2001) alimentaram galinhas castanhas Hy-Line, com 24 semanas de idade, com três concentrações proteicas diferentes: 170 (controlo), 150 e 130 g/kg de PC. Indicaram que o rácio de conversão alimentar (kg de alimento: kg de ovo) não foi significativamente influenciado pelos níveis de proteína na dieta.

Chaiyapoom et al. (2005) referiram que a conversão alimentar (consumo de ração: massa de ovos) foi significativamente ($p<0,05$) afetada por diferentes níveis de proteína (14, 16 e 18% PC) em dietas para galinhas poedeiras comerciais. Os níveis de 18% de PC registaram o melhor valor para a conversão alimentar em comparação com outras dietas que continham 14 ou 16% de PC.

Novak et al. (2006) verificaram que a eficiência alimentar melhorou de 1,680 para 1,645 g de ração/g de massa de ovo com a diminuição da proteína da dieta. Quando as galinhas Hy-Line W36 foram alimentadas com diferentes dietas proteicas (17,8, 19,9, 18,5 e 15,5%) durante a primeira fase de produção.

Junqueira et al. (2006) alimentaram galinhas poedeiras com diferentes níveis de proteína (16, 18 e 20% PC) durante o segundo período de produção. Verificaram que o aumento dos níveis de proteína na dieta não melhorou a conversão alimentar.

A FCR do dia da galinha foi bem mantida com a dieta pobre em proteínas durante os primeiros 8 meses de produção, mas tendeu a ser prejudicada depois disso. Nos meses 10 e 11 do período de postura, a RCF foi significativamente ($P < 0,05$) prejudicada com a dieta reduzida em proteínas em comparação com a dieta de controlo (Khajali et al., 2008). A redução da proteína da dieta diminuiu a TCA em galinhas poedeiras durante as 18-60 semanas de idade (Novak et al., 2008).

Dean et al. (2006) registaram resultados com uma redução do rácio ganho/alimentação quando os níveis de PC foram reduzidos para menos de 22%. Além disso, os resultados obtidos por Hassan et al. (2000), Moustafa et al. (2005) e Yakout et al. (2004) concluíram que o rácio de conversão alimentar melhorava quando o nível de proteínas da dieta das poedeiras aumentava.

Bouyeh e Gevorgian (2011) relataram que a conversão alimentar em poedeiras Hy-Line foi significativamente afetada por diferentes níveis de proteína (13 e 14%), onde os baixos níveis de proteína 13% registaram o melhor valor de produção após o pico de produção.

Abd El-Maksoud et al. (2011) observaram que os melhores valores significativos (P<0,01) para o rácio de conversão alimentar (2,62 g de ração/g de ovo) foram para a dieta com 16% de PC em comparação com a dieta com baixo teor de proteínas em galinhas poedeiras durante 32-44 semanas de idade.

Zeweil et al. (2011) mostraram o efeito da alimentação com diferentes níveis de proteína (12, 14 e 16 %) no desempenho das galinhas poedeiras Baheij. Verificaram que a conversão alimentar foi insignificantemente afetada pelos níveis de proteína de 12, 14 ou 16% durante as 28-48 semanas de idade.

2.1.3.2. Efeito dos níveis de TSAA:

A conversão alimentar foi melhorada em função da presença de Met+Cys na dieta de galinhas poedeiras (Resende, 1993; Bello, 1997). Foi sugerido que o aumento dos níveis de Met + Cys melhorou a eficiência alimentar.

A eficiência alimentar foi significativamente melhorada com o aumento da ingestão de TSAA durante a primeira fase (20 a 40 semanas de idade) da alimentação (Bertram e Schutte, 1992; Brake e Peebles, 1992; Harms et al., 1998; Scheideler e Elliot, 1998; Baiao et al., 1999).

Kiiskinen e Helander (1998) referiram que o aumento do nível de metionina na dieta melhorou o rácio de conversão alimentar das galinhas poedeiras. A ração por grama de ovo, mas não a ração por dúzia de ovos, foi melhorada pela suplementação de metionina em todos os níveis de PC. (Calderon e Jensen, 1990).

Schutte et al. (1994) registaram melhorias significativas na conversão alimentar quando foram utilizados níveis mais baixos de TSAA em incrementos graduais.

Hassan et al. (2003[b]) indicaram que a metionina tinha um efeito significativo (P<0,05) na conversão alimentar da estirpe Mandarah.

Silva et al. (2005) relataram que o aumento do TSAA de 0,484 para 0,734% teve um efeito quadrático na conversão alimentar e indicou que os requisitos de TSAA para a conversão alimentar mínima eram de 0,6665%. A melhoria da eficiência alimentar com o aumento do nível de TSAA e das exigências de TSAA para o ovo máximo pode ser atribuída a aminoácidos mais equilibrados.

Novak et al. (2004) sugeriram que a eficiência alimentar melhorou linearmente com o aumento da ingestão de TSAA (877 mg/hen por dia) em comparação com outros níveis de TSAA (635, 689, 811mg/hen por dia) durante a primeira fase de produção.

William et al. (2005) mostraram que o aumento do TSAA de 0,484 para 0,734% teve um efeito quadrático na conversão alimentar de dietas para galinhas poedeiras entre 22 e 38 semanas de idade. Além disso, a conversão alimentar foi influenciada positivamente pelos níveis de metionina + cistina (0,517, 0,569, 0,624, 0,679 e 0,734%) (Sá et al., 2007)

Safaa et al. (2008) estudaram o efeito da redução do teor de metionina (0,36 vs. 0,31%) de dietas isoenergéticas no desempenho produtivo de galinhas poedeiras castanhas no final do ciclo de produção. Os autores relataram que a conversão alimentar não foi afetada pelos diferentes níveis de metionina.

Gomez e Angeles (2009) indicaram que a eficiência alimentar (P < 0,01) alcançou a maior resposta em um nível de 0,32% de Met de galinhas poedeiras no segundo ciclo produtivo que foram alimentadas com uma dieta de baixa proteína com níveis crescentes de metionina (0,19, 0,32, 0,45 e 0,58%). Os resultados observados assemelham-se muito aos relatados por outros investigadores (Shafer et al., 1998 e Solarte et al., 2005).

Koreleski e Swiqtkiewicz (2011) relataram que a suplementação com metionina melhorou significativamente a conversão alimentar por kg de ovos. Enquanto Hassan et al. (2000) e Novak et al. (2004) relataram que a eficiência alimentar não foi significativamente melhorada com o aumento da ingestão de TSAA durante a primeira fase de alimentação (20 a 40 semanas de idade), o que está de acordo com outros relatórios de pesquisa (Bertram e Schutte, 1992; Brake e Peebles, 1992; Harms et al., 1998; Scheideler e Elliot, 1998; Baiao et al., 1999).

O efeito da alimentação com diferentes níveis de metionina (1,673, 2,000, 2,327 e 2,754% de proteína bruta) no desempenho das galinhas poedeiras Baheij durante as 28-48 semanas de idade foi investigado por Zeweil et al. (2011), que referiram que o nível mais elevado de metionina (2,754% de proteína bruta) melhorou significativamente a conversão alimentar por kg de ovos.

2.1.3.3. Efeito de interação entre a proteína e a TSAA:

Pavan et al. (2005) não encontraram diferença significativa para a eficiência alimentar por massa com as combinações de 15,5 e 0,71; 17 e 0,71; 15,5 e 0,64; 14 e 0,71; 17 e 0,64% de PB e TSAA, respetivamente.

Zeweil et al. (2011) afirmaram que não há diferença significativa para a interação entre dieta proteica e TSAA para galinhas poedeiras Baheij de (28-48 wk de idade). Estes resultados foram obtidos pelo autor anterior quando estudou o efeito da alimentação com diferentes níveis de proteína (12, 14 e 16%) e metionina (1,673, 2,000, 2,327 e 2,754% de proteína bruta) no desempenho das galinhas poedeiras Baheij.

2.1.4. Utilização de proteínas:

2.1.4.1. Efeito dos níveis de proteína:

De acordo com alguns investigadores, a eficiência do consumo de proteínas em dietas que contêm menos proteínas é geralmente mais elevada (Keshawarz e Jackson, 1992, Parr e Summers, 1991, Blair et al., 1999 e Si et al. (2004[a,b]).

Chaiyapoom et al. (2005) referiram que o rácio de conversão proteica (ingestão de proteínas: massa de ovos) foi significativamente ($p<0,05$) afetado por diferentes níveis de proteínas em dietas para galinhas poedeiras comerciais (Babcock B-308) das 21 às 33 semanas de idade. Os níveis de 18% de PC registaram o melhor valor para a conversão proteica em comparação com outras dietas que continham 14 ou 16% de PC.

Bouyeh e Gevorgian (2011) verificaram que a utilização de proteínas foi significativamente afetada com o nível mais elevado de 14,6% de proteínas contra o nível mais baixo de proteínas (13,6%) para a Hy-line W-36 durante o período experimental.

2.1.4.2. Efeito dos níveis de TSAA:

Schutte e Van Warden (1978) referiram que a eficiência da utilização de proteínas numa dieta depende da quantidade, composição e digestibilidade dos aminoácidos contidos na dieta. A metiona+cistina (TSAA) desempenha uma série de funções nas reacções enzimáticas e na síntese proteica. Novak et al. (2004), Liu et al. (2005) e Wu et al. (2005[a]) referiram que o aumento de TSAA teve um efeito positivo na utilização de proteínas da dieta por galinhas poedeiras.

A metionina é o primeiro aminoácido limitante nas dietas das aves de capoeira. A investigação que relata as necessidades deste aminoácido e também de TSAA é substancial, mas variável em resultado de alterações na nutrição das galinhas. As necessidades de aminoácidos dependem também do parâmetro de produção escolhido para estabelecer a necessidade. Mais importante ainda, a avaliação do TSAA é essencial para maximizar a eficiência da utilização das proteínas (Novak et al.,

2004).

2.1.4.3. Efeito de interação entre a proteína e a TSAA:

Durante 20 a 43 semanas de idade, houve 3 níveis de proteína na dieta (18, 16 e 14%) e 3 níveis de TSAA: Lys (0,91, 0,81, ou 0,71), Novak et al. (2006) relataram que não há diferença significativa na ingestão de proteínas para a interação entre a dieta proteica e a TSAA para galinhas poedeiras na primeira fase de produção.

2.1.5. Produção de ovos:

2.1.5.1. Efeito dos níveis de proteína:

As percentagens de produção diária das galinhas aumentaram até à dieta com 16,0% de proteínas e depois diminuíram. Uma dieta rica em proteínas (18,1%) produziu um pico de produção e uma taxa de postura significativamente mais elevados do que uma dieta pobre em proteínas (14,3%) (McDonald, 1979).

Um ensaio de alimentação efectuado por Saxena et al. (1986) com 358 galinhas poedeiras comerciais do tipo ovo foi conduzido a partir das 18 semanas de idade para 100 dias de produção de ovos, para estudar o efeito de diferentes níveis de proteína (15, 17 e 19%) no desempenho das poedeiras. Verificaram que o nível ótimo de proteínas para as poedeiras no inverno era de 15%.

Calderon e Jensen (1990) afirmaram que a produção de ovos foi significativamente melhorada com o aumento do nível de proteínas de 13 para 19% nas dietas das galinhas poedeiras de pernilongo branco.

Hsu et al. (1998) avaliaram a resposta das poedeiras a uma dieta com baixo teor de proteínas (14%) ou a uma dieta de controlo (17%) num período experimental de 5 semanas e encontraram respostas semelhantes a ambas as dietas em termos de produção de ovos. No entanto, Junqueira et al. (2006) indicaram que o desempenho das galinhas poedeiras no segundo ciclo de postura de uma experiência de 8 semanas era comparável entre as dietas com 16 e 20% de PC.

Meluzzi et al. (2001) indicaram que a produção de ovos de galinha (%) foi significativamente influenciada pelos níveis de proteína (170, 150 e 130 g/kg PC) da dieta. O nível elevado de proteínas 170g/kg registou o melhor valor em comparação com os outros grupos.

Chaiyapoom et al. (2005) mostraram que as galinhas que receberam uma dieta com 14% de PC tiveram um desempenho produtivo significativamente inferior ao dos grupos com 16 e 18% de PC durante o período de pico de produção das galinhas poedeiras comerciais.

Junqueira et al. (2006) alimentaram galinhas poedeiras com dietas experimentais com diferentes níveis de proteína (16, 18 e 20% PB) durante o segundo período de produção. Um aumento nos níveis de proteína da dieta não melhorou a produção ou o desempenho dos ovos.

A produção de ovos por dia de galinha manteve-se bem com a dieta pobre em proteínas durante os primeiros 8 meses de produção, mas tendeu a ser prejudicada depois disso. O desempenho das galinhas poedeiras pode manter-se satisfatório com dietas com teor reduzido de proteínas durante curtos períodos, mas a alimentação a longo prazo com dietas com teor reduzido de proteínas pode não ser aconselhável, porque reduzirá o desempenho na fase final da produção (Khajali et al., 2008).

Abd El-Maksoud et al. (2011) afirmaram que a produção de ovos foi significativamente melhorada com o aumento dos níveis de proteína da dieta de 12 para 16% para galinhas poedeiras. Além disso, Bouyeh e Gevorgian (2011) observaram que a produção de ovos tinha sido significativamente afetada por diferentes níveis de proteína, em que os níveis elevados de proteína (14%) registaram o melhor valor de produção para as poedeiras Hy-line após o pico de produção.

Zeweil et al. (2011) observaram que o resultado da média geral (28 a 48 semanas de idade) da produção de ovos não foi afetado pelos diferentes níveis de proteína. Estes resultados foram obtidos quando se investigou o efeito da alimentação com diferentes níveis de proteína (12, 14 e 16 %) no desempenho das galinhas poedeiras Baheij. Contrariamente, alguns investigadores verificaram que a produção de ovos melhorava significativamente com o aumento dos níveis de proteína na dieta (Hassan et al., 2000, Yakout et al., 2004, e Novak et al., 2006).

2.1.5.2. Efeito dos níveis de TSAA:

Calderon e Jensen (1990) verificaram que o aumento do nível de metionina melhorava significativamente (P=.077) a produção de ovos. Estes resultados foram obtidos quando se investigou a influência da alimentação com diferentes níveis de TSAA (0, 0,05, 0,1 ou 0,15% de DL-metionina) no desempenho produtivo de galinhas poedeiras de pernilongo branco.

Victor et al. (1990) estudaram o efeito do aminoácido sulfúrico em galinhas poedeiras White Leghorn em duas experiências. Relataram que a suplementação com metionina melhorou significativamente (P<0,05) a produção de ovos em ambas as experiências e o peso dos ovos aumentou com a suplementação de metionina em todos os níveis de proteína utilizados.

Schutte et al. (1994), não encontraram diferença significativa na produção de ovos quando alimentaram galinhas de 25 a 37 semanas de idade com 0,61, 0,66, 0,71 e 0,76% de TSAA. Enquanto que, quando alimentadas com 0,48, 0,53, 0,55, 0,57, 0,60 e 0,64% de TSAA, registaram melhorias significativas na produção de ovos.

A influência de diferentes níveis de metionina, de 413 a 556 mg por galinha por dia (mg/HD), no desempenho produtivo foi examinada em poedeiras adultas com 29 semanas de idade (Shafer et al., 1998). Verificaram que a produção de ovos tinha aumentado significativamente com níveis moderados de metionina 507 mg/h/d.

Ahmad et al. (1997) referiram que os níveis de TSAA entre 580 e 660 mg por galinha por dia não tinham qualquer efeito no desempenho das galinhas poedeiras. Novak et al. (2004) referiram que o nível de TSAA na dieta para a produção máxima de ovos era de 811 mg por galinha por dia, enquanto o nível de TSAA para a eficiência alimentar era de 699 mg por galinha por dia.

Harms e Russell (1996) deram níveis graduais de metionina de 0,231, 0,236, 0,293 e 0,315 na primeira experiência, e 0,226, 0,231 0,247, 0,278 e 0,293% na segunda. Verificaram que os ovos A produção aumentou com o aumento do nível de metionina em ambas as experiências com galinhas poedeiras.

Igbasan e Guenter (1997) relataram que a exigência de metionina de 15 ou 30% acima das exigências do NRC (1994) para galinhas poedeiras não teve efeito significativo sobre os parâmetros de produção de ovos; portanto, o nível de metionina recomendado pelo NRC (1994) para galinhas poedeiras foi adequado para apoiar a produção máxima de ovos.

Harms et al. (1998) relataram que a produção de ovos aumentou com o aumento da ingestão de metionina quando as galinhas foram alimentadas com 3 níveis de metionina 0,32, 0,42 e 0,52%. Kiiskinen e Helander (1998) relataram que o aumento do nível de metionina na dieta (0,32 a 0,42%) não afectou significativamente a produção de ovos por dia das galinhas.

Hassan et al. (2003[b]) indicaram que o aumento dos níveis de metionina teve um efeito significativo (P < 0,05) no número de ovos e na produção de ovos (ovos/galinha/dia) da estirpe Mandarah. Ahmad e Roland (2003) encontraram pouco ou nenhum efeito sobre a produção de ovos, quando vários níveis de TSAA foram fornecidos a galinhas poedeiras. Novak et al. (2004) afirmaram que a produção de ovos não foi significativamente afetada pela ingestão de TSAA. A produção de ovos foi de 83,0%. O nível de TSAA na dieta para a produção máxima de ovos foi de 811 mg por galinha diariamente.

Silva et al. (2005) relataram que o aumento do TSAA de 0,484 para 0,734% teve um efeito quadrático sobre a produção de ovos e indicou que os requisitos de TSAA para a produção máxima de ovos foi de 0,658%. A melhoria da eficiência alimentar com o aumento do nível de TSAA médio das necessidades de TSAA para a produção máxima de ovos pode ser atribuída a aminoácidos mais equilibrados. Wu et al. (2005[a]), referiram que o aumento dos níveis de TSAA melhorava a produção de ovos.

William et al. (2005) relataram que o aumento do TSAA de 0,484 para 0,734% teve um efeito quadrático na produção de ovos. O requisito de TSAA para a produção máxima de ovos foi de 0,658%, para galinhas poedeiras de ovos brancos durante as 22 a 38 semanas de idade.

Bertram et al. (1995) e Liu et al. (2005) relataram que o aumento dos níveis dietéticos de TSAA de 0,67 para 0,77% melhorou a produção de ovos. Além disso, a produção de ovos foi influenciada positivamente pelos níveis de metionina + cistina (0,517, 0,569, 0,624, 0,679 e 0,734%) (Sá et al., 2007).

Os resultados obtidos por (Safaa et al., 2008) ao estudarem o efeito da redução da metionina (0,36 vs. 0,31%), de dietas isoenergéticas sobre o desempenho produtivo e a qualidade dos ovos de galinhas poedeiras castanhas no final do ciclo de produção, relataram que a produção de ovos não foi significativamente afetada por diferentes níveis de metionina.

Gomez e Angeles (2009) realizaram um experimento para avaliar as variáveis produtivas e os rendimentos dos componentes dos ovos de galinhas poedeiras no segundo ciclo produtivo que foram alimentadas com uma dieta de baixa proteína com níveis crescentes de metionina (0,19, 0,32, 0,45 e 0,58%). A percentagem de postura (P < 0,01) atingiu a maior resposta a um nível de 0,32% de metionina. Os resultados observados assemelham-se muito aos relatados por outros investigadores (Shafer, et al., 1998 e Solarte et al., 2005).

Zeweil et al. (2011) observaram que a produção de ovos não foi afetada significativamente por diferentes níveis de metionina. Estes resultados foram obtidos através da investigação do efeito da alimentação com diferentes níveis de metionina (1,673, 2,000, 2,327 e 2,754% de proteína bruta) no desempenho das galinhas poedeiras Baheij.

2.1.5.3. Efeito de interação entre a proteína e a TSAA:

Zeweil et al. (2011) investigaram o efeito da alimentação com diferentes níveis de proteína (12, 14 e 16%) e metionina (1,673, 2,000, 2,327 e 2,754% de proteína bruta) no desempenho de galinhas poedeiras Baheij durante o período experimental de 28-48 semanas de idade. Concluíram que o efeito da interação entre a proteína e a metionina mostrou diferenças insignificantes na produção de ovos no final do período experimental.

2.1.6. Peso do ovo:

2.1.6.1. Efeito dos níveis de proteína:

Gabriel e Babatunde (1976) encontraram diminuições significativas nas percentagens de ovos com peso inferior a 40 g e com peso entre 40 e 49,0 g, e aumentos significativos nas percentagens de ovos com peso entre 50 e 59,0 g e 60 g e acima, à medida que os níveis de proteína da dieta aumentavam quando o White Leghorn era alimentado com diferentes níveis de proteína (12,0, 14,0, 16,0, 18,0 e 20,0%).

Uma dieta rica em proteínas (18,1%) produziu um peso de ovo significativamente mais elevado do que uma dieta pobre em proteínas (14,3%) (McDonald, 1979). O peso dos ovos aumentou com o aumento dos níveis de metionina em todos os níveis de proteína (13, 16 e 19%), (Calderon e Jensen,

1990).

Harms e Russell (1993) afirmaram que as galinhas que consumiam 13,8 g de proteína/dia tinham um peso de ovo significativamente reduzido em comparação com as galinhas que consumiam 14,6 ou 16,3 g de proteína/dia durante as 44 - 63 semanas de idade

Os resultados obtidos por Chaiyapoom et al. (2005) mostraram que os diferentes níveis de proteína da dieta tiveram um efeito significativo ($p<0,05$) na massa de peso. Uma vez que as galinhas que receberam uma dieta com 16 ou 18% de PC registaram o valor mais elevado de peso dos ovos em comparação com as galinhas alimentadas com um grupo com 14% de PC durante o período de pico de produção.

Junqueira et al. (2006) alimentaram galinhas poedeiras com dietas contendo diferentes níveis de proteína (16, 18 e 20% PC). Verificaram que um aumento nos níveis de proteína da dieta não melhorou o peso dos ovos durante o segundo período de produção.

Novak et al. (2006) relataram que as galinhas que consumiam 13,8 g de proteína/dia tinham um peso de ovo significativamente reduzido em comparação com as galinhas que consumiam 14,6 ou 16,3 g de proteína/dia para as galinhas Hy-Line W-98 durante as 44- -63 semanas de idade.

O peso dos ovos das galinhas Hy-Line W36 não foi significativamente afetado pela alimentação com uma dieta reduzida em PC de 16,3 para 13,9% (Khajali et al., 2008). A redução da proteína alimentar diminuiu o peso dos ovos nas galinhas poedeiras durante o período de 18-60 semanas de idade (Novak et al., 2008).

Bouyeh e Gevorgian (2011) mencionaram que o peso dos ovos não foi significativamente influenciado pelo nível de proteína da dieta quando as galinhas poedeiras foram alimentadas com diferentes níveis de proteína (13 ou 14%).

2.1.6.2. Efeito dos níveis de TSAA:

Schutte et al. (1994) registaram melhorias significativas no peso dos ovos quando foram utilizados níveis mais baixos de TSAA em incrementos graduais.

Okazaki et al. (1995) verificaram que o peso dos ovos de galinhas Shaver star cross alimentadas com uma dieta contendo 130% da recomendação do NRC era maior do que os outros níveis (100 e 115%) utilizados.

Harms e Russell (1996) deram níveis graduais de metionina de 0,231, 0,236, 0,293 e 0,315 na primeira experiência, e 0,226, 0,231 0,247, 0,278 e 0,293% na segunda. Verificaram que o peso dos ovos aumentava com o aumento do nível de metionina em ambas as experiências com galinhas poedeiras. Kiiskinen e Helander (1998) relataram que o aumento do nível de metionina na dieta aumentou o peso dos ovos em galinhas poedeiras.

A adição de seis níveis de DL-metionina a uma dieta basal para galinhas poedeiras de ovos brancos contendo 14,4% de proteína bruta resultou em teores de TSAA de 0,484, 0,534, 0,584, 0,634, 0,684 e 0,734%. O aumento do TSAA de 0,484 para 0,734% teve um efeito quadrático no peso do ovo. Onde, os requisitos de TSAA para o peso máximo do ovo foi de 0,681% durante 22 a 38 wk-old (William et al., 2005)

Silva et al. (2005) relataram que o aumento da TSAA de 0,484 para 0,734% teve um efeito quadrático no peso dos ovos, e indicam que a exigência de TSAA para o peso máximo dos ovos foi de 0,681%.

Liu et al. (2005) e Wu et al. (2005[a]) constataram que níveis crescentes de TSAA aumentaram o peso do ovo, enquanto a unidade Haugh diminuiu com o aumento dos níveis de TSAA, esta redução na unidade Haugh pode ser atribuída ao aumento do peso do ovo. O peso dos ovos foi aumentado pela suplementação de metionina em todos os níveis de proteína.

2.1.6.3. Efeito de interação entre a proteína e a TSAA:

Pavan et al. (2005) encontraram diferenças significativas apenas para o peso dos ovos, com a combinação de 15,5 e 0,71; 17 e 0,71; 15,5 e 0,64; 14 e 0,71; 17 e 0,64% de PC e TSSA, respetivamente, apresentando os valores mais altos.

O peso dos ovos não foi significativamente afetado pelo efeito de interação entre as dietas com proteínas e TSAA para galinhas Hy-Line W-98 durante o primeiro (20-43 semanas) ou segundo período experimental (44-63 semanas) de idade (Novak et al., 2006).

2.1.7. Massa do ovo:

2.1.7.1. Efeito dos níveis de proteína:

Meluzzi et al. (2001) indicaram que a produção de ovos (g/galinha/d) foi significativamente influenciada pelos níveis de proteína (170, 150 e 130 g/kg PC) na dieta das galinhas castanhas Hy-Line. Onde o nível elevado de proteína 170g/kg registou o melhor valor em comparação com os outros grupos.

Chaiyapoom et al. (2005) relataram que os diferentes níveis de proteína da dieta tiveram um efeito significativo ($p<0,05$) na massa de ovos. Uma vez que as galinhas poedeiras comerciais que receberam uma dieta com 16 ou 18% de PC registaram o valor mais elevado de massa de ovos em comparação com as galinhas alimentadas com um grupo com 14% de PC.

Junqueira et al. (2006) alimentaram galinhas poedeiras com diferentes níveis experimentais de proteína (16, 18 e 20% PC) durante o segundo período de produção. Os aumentos nos níveis de proteína da dieta não afectaram significativamente a massa de ovos.

A massa dos ovos manteve-se bem com a dieta pobre em proteínas durante os primeiros 8 meses de produção, mas tendeu a ser prejudicada depois disso. Nos meses 10 e 11 do período de postura, a massa do ovo foi significativamente reduzida ($P < 0,05$) com a dieta reduzida em PC em comparação com a dieta de controlo. (Khajali et al., 2008). A redução da proteína da dieta diminuiu a massa de ovos na galinha poedeira durante o período de 18-60 semanas de idade (Novak et al., 2008).

Abd El-Maksoud et al. (2011) mencionaram que a massa de ovos foi significativamente aumentada pelo nível de proteína da dieta (12, 14 e 16%) para galinhas poedeiras locais de 32 a 44 semanas de idade. Além disso, Bouyeh e Gevorgian (2011) indicaram que a massa dos ovos aumentou significativamente com o nível de proteína da dieta de 13 a 14%.

Zeweil et al. (2011) investigaram o efeito da alimentação com diferentes níveis de proteína (12, 14 e 16 %) no desempenho das galinhas poedeiras Baheij. Verificaram que o resultado da massa de ovos foi insignificantemente afetado pelos níveis de proteína da dieta.

2.1.7.2. Efeito dos níveis de TSAA:

Cao et al. (1992) estimaram as necessidades de metionina e TSAA em 424 e 785 mg/galinha por dia, respetivamente, para uma massa de ovos de 54,3 g/galinha por dia. Harms e Russell (1993) verificaram que, quando a ingestão de aminoácidos essenciais era baixa, a massa dos ovos diminuía. Bertram et al. (1995), Liu et al. (2005), Wu et al. (2005a), referiram que níveis crescentes de TSAA aumentavam a massa dos ovos.

As galinhas necessitaram de 392,8 mg de metionina e 221,1 mg de cistina para produzir 54 g de massa de ovos por galinha e por dia. O rácio ideal de Met: Cys na dieta foi de 45,1: 54,9, o que permitiu obter o melhor desempenho de postura das galinhas. (Cao, 1995)

Harms e Russell (1996) deram níveis graduais de metionina de 0,231, 0,236, 0,293 e 0,315% na primeira experiência, e 0,226, 0,231 0,247, 0,278 e 0,293% na segunda. Verificaram que a massa de ovos aumentou com o aumento do nível de metionina em ambas as experiências com galinhas poedeiras.

Balnave e Robinson (2000) verificaram que a ingestão de metionina aumentou significativamente (P < 0,05) com o aumento da concentração de metionina na dieta. No entanto, sugerindo que a ingestão mais baixa de metionina de 370 mg/dia (2,839 metionina por kg de dieta) foi suficiente para satisfazer as necessidades das galinhas que produzem 54 g de massa de ovo diariamente.

Ahmad e Roland (2003) encontraram pouco ou nenhum efeito sobre a produção de ovos quando vários níveis de TSAA foram fornecidos a galinhas poedeiras. Safaa et al. (2008) estudaram o efeito da redução da metionina (0,36 vs. 0,31%) sobre o desempenho produtivo de galinhas poedeiras castanhas no final do ciclo de produção. Relataram que a massa de ovos não foi afetada pelos diferentes níveis de metionina.

Gomez e Angeles (2009) conduziram para avaliar variáveis produtivas de galinhas poedeiras que foram alimentadas com uma dieta de baixa proteína com níveis crescentes de metionina (0,19, 0,32, 0,45 e 0,58%). massa de ovos (P < 0,01) alcançou a maior resposta em um nível de Met de 0,32%. Os resultados observados assemelham-se muito aos relatados por outros investigadores (Shafer, et al. 1998 e Solarte et al. 2005).

Koreleski e Swiqtkiewicz (2011) observaram que o aumento dos níveis dietéticos de TSAA melhorou a massa do ovo. Além disso, Zeweil et al. (2011) investigaram o efeito da alimentação com diferentes níveis de metionina (1,673, 2,000, 2,327 e 2,754% de proteína bruta) no desempenho de galinhas poedeiras Baheij. Relataram que o aumento dos níveis dietéticos de TSAA melhorou a massa do ovo.

2.1.7.3. Efeito de interação entre a proteína e a TSAA:

O efeito da alimentação com diferentes níveis de proteína (12, 14 e 16%) e metionina (1,673, 2,000, 2,327 e 2,754% de proteína bruta) no desempenho das galinhas poedeiras Baheij foi investigado por Zeweil et al. (2011). Estes autores concluíram que a massa de ovos não foi significativamente afetada pela interação entre os níveis de proteína e de metionina.

2.2. Critérios de qualidade dos ovos:

2.2.1. Efeito dos níveis de proteína:

Zimmermann e Andrews (1987) compararam dietas com 2 níveis de proteína (14,6 e 15,5%) sobre o desempenho de galinhas poedeiras no segundo ciclo produtivo e não encontraram efeito sobre as unidades Haugh e a qualidade da casca do ovo. Mendonça e Lima (1999) também não observaram efeito do nível de proteína sobre a qualidade do albúmen dos ovos de galinhas poedeiras, enquanto que as galinhas poedeiras no segundo ciclo produtivo tiveram e verificaram melhor qualidade da casca do ovo de galinhas poedeiras alimentadas com uma dieta com 14,5% de proteína do que as aves alimentadas com dietas com 16,5% de proteína.

A percentagem de albúmen húmido e seco, os sólidos do albúmen e as percentagens de proteínas do albúmen e da gema diminuíram significativamente com a alimentação com dietas pobres em proteínas (Novak et al., 2006).

Meluzzi et al. (2001) indicaram que o grupo 150 g/kg de PC tinha o maior tamanho de ovo em comparação com 170 g/kg ou 130g/ kg, o que contrasta com Morris e Gous (1988); Summers et al. (1991) e Lopez e Leeson (1995), que mostraram que o peso do ovo está diretamente relacionado com o teor de proteínas da dieta. Summers e Leeson (1983) relataram, no entanto, que o tamanho inicial do ovo não foi afetado pelo aumento das proteínas da dieta.

Junqueira et al. (2006) alimentaram galinhas poedeiras com diferentes níveis de proteína (16, 18 e 20% PC) durante o segundo período de produção.
Um aumento dos níveis de proteína na dieta não melhorou a casca do ovo, a unidade haugh e a espessura da casca.

A redução da proteína na dieta reduziu o peso dos ovos em galinhas poedeiras durante o período de 18 a 60 semanas de idade (Novak et al., 2008), enquanto que as medidas de qualidade interna e da casca dos ovos não foram influenciadas por dietas pobres em proteínas.

Saxena et al. (1986) efectuaram um ensaio de alimentação com 358 galinhas poedeiras comerciais, a partir das 18 semanas de idade e durante 100 dias de produção de ovos, para estudar o efeito de diferentes níveis de proteína (15, 17 e 19%) na qualidade dos ovos. Verificaram que o nível ótimo de proteínas para as poedeiras no inverno era de 15%.

Abd El-Maksoud et al., (2011) realizaram uma experiência para estudar o efeito de uma dieta com baixos níveis de proteína bruta (PC) sobre o desempenho de galinhas poedeiras locais de 32 a 44 semanas de idade. Os melhores valores ($P<0,05$) de peso de gema foram registados com 14 % de PC em comparação com outras dietas.

Zeweil et al. (2011) investigaram o efeito da alimentação com diferentes níveis de proteína (12, 14 e 16 %) sobre a qualidade dos ovos de galinhas poedeiras Baheij, tendo verificado que as percentagens de peso da casca húmida e seca, a percentagem de peso da gema seca e a espessura da casca aumentavam significativamente com a diminuição dos níveis de proteína nas dietas das galinhas poedeiras Baheij. No entanto, a percentagem de gema seca aumentou significativamente com o aumento dos níveis de proteínas.

2.2.2. Efeito dos níveis de TSAA:

Carey et al. (1991) referiram que o peso dos componentes dos ovos aumentou significativamente ($P<0,05$) com o aumento do nível de ingestão de metionina de 326 para 512 mg por galinha, por dia, em galinhas poedeiras. Hussein e Harms (1994) afirmaram que a Arbor Acres não apresentou diferenças significativas no rácio gema: albúmen quando recebeu qualquer uma das dietas deficientes em aminoácidos. Esta ausência de alterações no rácio gema: albúmen pode ser esperada porque se verificou que o teor de aminoácidos da gema ou do albúmen não é alterado quando as galinhas ingerem uma dieta deficiente em aminoácidos.

Shafer et al. (1996) compararam a ingestão de 512 e 326 mg de metionina por galinha por dia e referiram que as galinhas que ingeriram 512 mg de metionina registaram um maior teor de sólidos totais no albúmen e na gema do que as galinhas alimentadas com 326 mg de metionina por dia, mas não foram observadas diferenças significativas no peso do ovo ou nos componentes do ovo. No entanto, Bello (1997) registou um aumento do peso dos ovos e uma diminuição da percentagem de casca de ovo com o aumento dos níveis de Met + Cys na dieta.

Kiiskinen e Helander (1998) relataram que o aumento do nível de metionina na dieta aumentou linearmente a qualidade dos ovos das galinhas. Scheideler e Elliot (1998) não registaram qualquer efeito do aumento do TSAA na dieta de 520 para 800 mg/hen por dia sobre a percentagem de albúmen ou de gema.

Shafer et al. (1998) verificaram que o rendimento dos componentes do albúmen aumentou significativamente ($P<0,05$), em termos de massa, com 507 e 556 mg de metionina por galinha por dia. Por outro lado, a massa da gema aumentou significativamente com 556 mg de metionina por galinha e por dia, em comparação com 413 mg de metionina. O consumo de mais de 413 mg de metionina por galinha por dia resultou num aumento significativo ($P<0,05$) dos sólidos totais e das proteínas do albúmen. Os sólidos da gema não foram significativamente diferentes, mas a proteína da gema aumentou significativamente (P<0,05) com 507 e 556 mg de metionina em comparação com 413 mg de metionina por galinha por dia.

Belo et al. (2000) referiram que o aumento do nível de metionina diminuía a percentagem de casca de ovo e verificaram um efeito quadrático dos níveis de metionina na espessura da casca do ovo de codorniz.

Hassan et al (2003[b]) estudaram o efeito da metionina na qualidade dos ovos da estirpe Mandarah, e não se registaram diferenças significativas na forma do ovo, altura do albúmen, unidades Haugh e índice de gema, enquanto a casca (peso e percentagem) e a gravidade específica diminuíram significativamente (P < 0,05) na estirpe Mandarah.

Wu et al. (2005[b]) relataram que a unidade Haugh diminuiu com o aumento do nível de TSAA, esta redução na unidade haugh pode ser atribuída ao aumento do peso do ovo.

Liu et al. (2005) e Wu et al. (2005[a]) descobriram que o aumento dos níveis de TSAA diminuiu a unidade Haugh com o aumento dos níveis de TSAA. Os níveis de metionina + cistina (0,517, 0,569, 0,624, 0,679, e 0,734%) não afectaram a qualidade dos ovos das galinhas poedeiras (Sá et al. 2007).

Safaa et al. (2008) estudaram o efeito de dietas com redução de metionina (MET, 0,36 vs. 0,31%) sobre o desempenho produtivo e a qualidade dos ovos de galinhas poedeiras castanhas no final do ciclo de produção. Verificaram que o peso da casca (%) não foi afetado pelos diferentes níveis de metionina.

Gomez e Angeles (2009) observaram que o peso do ovo mostrou a maior resposta (P <0,01) em um nível de Met de 0,45%, o que foi equivalente a uma ingestão de 443,2 mg de Met digestível / ave por dia (ajustado para uma ingestão de ração de 98,5 g / d). Além disso, o aumento linear da percentagem de gema (P<0,10) e a diminuição linear da percentagem de albúmen (P<0,10) foram observados com o aumento de Met na dieta. Em outros estudos, também foi observada uma maior resposta no peso dos ovos, mesmo após a taxa máxima de produção ter sido atingida (Schutte et al. 1994 e Jordão Filho et al. 2006).

Zeweil et al. (2011) investigaram o efeito da alimentação com diferentes níveis de proteína (12, 14 e 16%) e metionina (1,673, 2,000, 2,327 e 2,754% de proteína bruta) na qualidade dos ovos de galinhas poedeiras Baheij. Os autores referiram que o peso da gema húmida, as percentagens de albúmen húmido e seco, a forma do ovo e o índice de gema foram insignificantemente afectados pelos níveis de metionina.

2.2.3. Efeito de interação entre a proteína e a TSAA:

Pavan et al. (2005) verificaram que foram observadas diferenças significativas apenas para as porcentagens de gema e albúmen com as combinações de PB e TSAA. Os resultados obtidos neste trabalho sugerem que a dieta contendo 14% de PB e 0,57% de TSAA pode ser utilizada sem causar queda no desempenho e na qualidade dos ovos.

Abd El-Maksoud et al., (2011) relataram que o melhor valor do índice de forma do ovo foi obtido alimentando uma dieta de 12 % CP com suplementação de metionina (80,24%). Além disso, os melhores (P<0,05) valores de umidade da gema foram para 14% CP e 14% CP suplementados com metionina (39,30 e 39,21%), respetivamente. Além disso, o melhor valor (P<0,05) do índice de gema foi para a dieta com 14% de PC suplementada com metionina (44,15%). As galinhas alimentadas com uma dieta com 12 % de PC suplementada com metionina registaram o valor mais elevado (P<0,05) de unidade de galinha (90,15).

Zeweil et al. (2011) investigaram o efeito da alimentação com diferentes níveis de proteína (12, 14 e 16%) e metionina (1,673, 2,000, 2,327 e 2,754% de proteína bruta) no desempenho de galinhas poedeiras Baheij. Os autores referiram que o peso da gema húmida, as percentagens de albúmen húmido e seco, a forma do ovo e o índice de gema de ovo foram afectados de forma insignificante pela interação entre os níveis de proteína e de metionina.

2.3. Composição química do ovo inteiro e seus fraccionamentos:

2.3.1. Efeito dos níveis de proteína:

Gabriel e Babatunde, (1976) referiram que as percentagens de humidade total e de proteína bruta aumentavam significativamente à medida que os níveis de proteína da dieta aumentavam, mas as diferenças nas percentagens de cinzas totais, de casca e de lípidos totais não eram significativas, quando o pernilongo branco era alimentado com diferentes níveis de proteína (12,0, 14,0, 16,0, 18,0 e 20,0%) durante a fase de produção de ovos.

Garcia et al. (2005) sugeriram que a percentagem de proteína na gema foi significativamente afetada por diferentes níveis de proteína ($p<0,01$). As aves alimentadas com 18% ou 20% de PC apresentaram níveis mais elevados de proteína na gema em comparação com as aves alimentadas com 16% de PC na dieta. Além disso, Andersson (1979) e Akbar et al. (1983) relataram que o conteúdo de proteína da gema aumentou com níveis mais altos de proteína na dieta.

2.3.2. Efeito dos níveis de TSAA:

A influência de níveis suplementares de metionina que variam de 413 a 556 mg por galinha por dia (mg/HD) no rendimento, composição e funcionalidade dos componentes líquidos dos ovos foi examinada em poedeiras adultas com 29 semanas de idade (Shafer et al., 1996). Verificaram que o conteúdo proteico do albúmen e da gema foi significativamente influenciado por diferentes níveis de metionina. Enquanto que os níveis moderados de metionina (507mg/h/d) registaram o valor mais elevado em comparação com outras dietas.

A percentagem de proteínas na gema foi significativamente afetada pelos diferentes níveis de Met+Cys ($p<0,05$). Foi observada uma maior percentagem de proteínas na gema com 0,700% de Met+Cys em comparação com 0,875% de Met+Cys. (Garcia et al., 2005). Por outro lado, os níveis de Met+Cys ($p<0,05$) tiveram efeitos significativos sobre a percentagem de extrato etéreo na gema, sendo que o aumento do nível de Met+Cys de 0,70% para 1,050% aumentou o extrato etéreo da gema nos ovos de galinhas poedeiras no período inicial de postura.

2.3.3. Efeito de interação entre a proteína e a TSAA:

Garcia et al. (2005) relataram que foram observadas interações significativas ($p<0,01$) entre os níveis de proteína (16, 18 e 20%) e Met+Cys (0,700, 0,875 e 1,050%) sobre os níveis de proteína do albúmen nos ovos de galinhas poedeiras no período inicial de postura.

2.4. Parâmetros bioquímicos:

2.4.1. Efeito dos níveis de proteína:

Os resultados obtidos por Hsu et al. (1998) mostraram que a concentração de ácido úrico no plasma e de azoto nas excreções do grupo com elevado teor de proteínas (170 g kg) era significativamente mais elevada do que a dos outros dois grupos de dietas com baixo teor de proteínas ($P<0,05$) para galinhas poedeiras comerciais.

Chaiyapoom et al. (2005) alimentaram galinhas poedeiras comerciais com diferentes níveis de proteína (14, 16 e 18%) durante 21 a 33 semanas de idade. Os resultados mostraram que a alfa-globulina e o rácio albumina: globulina tendiam a diminuir, todas as fracções de proteínas séricas e as proteínas totais séricas tendiam a aumentar à medida que os níveis de proteínas aumentavam.

Donsbough et al. (2010) indicaram que o ácido úrico plasmático e a excreta de ácido úrico aumentavam com o aumento da ingestão de N na dieta; no entanto, foram registados resultados inconsistentes ao utilizar o ácido úrico plasmático como variável de resposta para avaliar a utilização de aminoácidos.

O efeito da alimentação com diferentes níveis de proteína (12, 14 e 16 %) nos parâmetros sanguíneos do desempenho das galinhas poedeiras Baheij foi investigado por Zeweil et al. (2011). Concluíram que a proteína total e a globulina aumentaram significativamente com o aumento dos níveis de proteína nas dietas das galinhas poedeiras Baheij. Por outro lado, a albumina plasmática foi afetada de forma insignificante pelos diferentes níveis de proteína.

2.4.2. Efeito dos níveis de TSAA:

A ingestão total de aminoácidos sulfurados afectou a gema húmida, a gema seca e os sólidos numa tendência quadrática, com as galinhas alimentadas com 811 e 699 mg/d a produzirem ovos com os maiores sólidos de gema. Além disso, as percentagens de casca húmida e seca não foram afectadas pelo TSAA, (Novak et al., 2004)

Xie et al. (2004) referiram que tanto o aumento como a diminuição das concentrações de ácido úrico no plasma dependem do aumento ou da diminuição do nível de metionina na dieta. Por outro lado, o ácido úrico plasmático e a excreção de ácido úrico devem ser variáveis de resposta viáveis para determinar as necessidades de aminoácidos dos frangos de carne ou a eficiência da utilização de aminoácidos (Donsbough et al., 2010).

O efeito da alimentação com diferentes níveis de proteína (1,673, 2,000, 2,327 e 2,754% de proteína bruta) nos parâmetros sanguíneos do desempenho das galinhas poedeiras Baheij investigado por Zeweil et al. (2011) mostrou que a proteína total e a globulina aumentaram significativamente com o aumento dos níveis de metionina nas dietas das galinhas poedeiras Baheij. Por outro lado, o plasma albuminoso foi afetado de forma insignificante pelos níveis de metionina.

2.4.3. Efeito de interação entre a proteína e a TSAA:

Zeweil et al. (2011) relataram que todos os parâmetros sanguíneos estudados (proteína total, albumina globulina e colesterol) foram significativamente aumentados pelo efeito de interação entre os níveis de proteína e metionina em dietas para galinhas poedeiras Baheij.

2.5. Coeficiente de digestão e poluição por N:

2.5.1. Efeito dos níveis de proteína:

As dietas para galinhas poedeiras formuladas com ingredientes como a farinha de soja e a farinha de carne e ossos para satisfazer os níveis recomendados de aminoácidos essenciais contêm níveis relativamente elevados de proteína bruta e quantidades excessivas de aminoácidos que não os aminoácidos de primeira e segunda limitação (geralmente metionina e lisina, respetivamente). Dado que as aves não dispõem de mecanismos de armazenamento para os aminoácidos consumidos para além das necessidades de síntese proteica, os aminoácidos consumidos em excesso são desaminados e o azoto derivado dos aminoácidos é excretado na urina, principalmente sob a forma de ácido úrico (80%), amoníaco (10%) e ureia (5%) (Goldstein e Skadhauge, 2000).

Conhecidas a excreção de azoto, a digestibilidade da proteína bruta e dos aminoácidos dos ingredientes, a variação da qualidade dos ingredientes e as necessidades ideais de proteína (aminoácidos), é possível obter reduções significativas das emissões de azoto reduzindo os níveis de proteína bruta da dieta e equilibrando as necessidades do perfil de aminoácidos digeríveis com aminoácidos sintéticos. As formas sintéticas dos aminoácidos mais limitantes, como a metionina, estão disponíveis comercialmente a um preço que é competitivo com os custos das proteínas digeríveis intactas.

Kerr (1995) efectuou uma revisão exaustiva de mais de 35 estudos sobre a suplementação de aminoácidos em rações para aves de capoeira e concluiu que a excreção de N podia ser reduzida de 2,3 a 22,5% por cada diminuição de uma unidade percentual na proteína bruta da dieta. Em média, a suplementação com aminoácidos de dietas pobres em proteínas para aves de capoeira reduziu a excreção de N em 8,5% por cada redução de uma unidade percentual na PC, independentemente do peso corporal.

Schutte et al. (1992) determinaram que, por cada ponto percentual de N reduzido na ração, a excreção de N é reduzida em 10%. Embora as dietas pobres em proteínas possam ser suplementadas com aminoácidos sintéticos para corresponder ao perfil teórico das necessidades de aminoácidos e reduzir significativamente as emissões de N, nem sempre é economicamente viável. Em primeiro lugar, há um limite para a quantidade de PC da dieta que pode ser reduzida antes de começar a afetar negativamente o desempenho do crescimento e/ou o rendimento da carne. Em segundo lugar, a viabilidade económica de dietas pobres em proteínas suplementadas com aminoácidos depende dos preços de mercado dos produtos de base: Quanto mais elevado for o preço de mercado das proteínas (nomeadamente da farinha de soja) em relação aos aminoácidos sintéticos, mais a formulação de rações de menor custo favorecerá as dietas pobres em proteínas. Idealmente, o custo da eliminação do estrume ou do N da cama deve ser considerado juntamente com a formulação de baixo custo de rações com baixo teor de PC.

As emissões de amoníaco podem ser reduzidas através da alimentação de dietas pobres em proteínas com aminoácidos sintéticos suplementares, utilizando as técnicas de nutrição de precisão descritas anteriormente. Van der Peet-Schwering et al. (1997) e Aarnink et al. (1993) demonstraram uma redução de 10% nas emissões de amoníaco através da redução de um ponto percentual das proteínas.

A crescente preocupação com o impacto dos modernos sistemas de produção avícola no ambiente (poluição por N) levou à manipulação das actuais fórmulas alimentares para diminuir o nível de N excretado nas excreções. Uma vez que as galinhas só podem utilizar cerca de 40% das proteínas da dieta, parece lógico diminuir o nível de proteínas na dieta (Lopez e Leeson, 1995).

Os aminoácidos sintéticos devem ser utilizados para satisfazer as necessidades de aminoácidos limitantes devido à diluição dos aminoácidos à medida que a proteína da dieta é reduzida. Uma dieta proteica ideal é uma forma de reduzir a proteína da dieta, diminuindo assim o N fecal e mantendo os parâmetros de produção de ovos. Devido à relação direta entre o nível de proteínas da dieta e a excreção de N, a solução lógica para o excesso de N excretado é reduzir o teor de proteínas da dieta. Muitos investigadores foram bem sucedidos na redução da excreção de N através da redução do teor de PC na dieta com e sem aminoácidos suplementares (Schutte et al., 1992; Summers, 1993; Jamroz et al., 1996).

Blair et al. (1999) referiram que a redução do teor de proteínas brutas da dieta (13,5%) resultou numa redução de 30-35% na produção diária de N nos excrementos das galinhas poedeiras, tendo esta redução do teor de proteínas da dieta sido também associada a uma melhoria da matéria seca e da retenção de N em comparação com níveis elevados de proteínas (17%).

Danicke et al. (2000) afirmaram que o aumento da proteína bruta na dieta das poedeiras não afectou significativamente a digestibilidade da proteína bruta e dos aminoácidos. Por outro lado, os resultados opostos foram observados por Yakout (2000) e Moustafa et al. (2005).

Meluzzi et al. (2001) verificaram que a ingestão de azoto estava relacionada com a concentração de proteínas da dieta. O teor de azoto fecal diminuiu significativa e linearmente com a redução da proteína da dieta

O teor de azoto fecal era de cerca de 50% da ingestão. Considerando a relação azoto fecal/consumo, o grupo de 150 PC apresentou uma melhor utilização do azoto em cada momento de amostragem.

A redução da proteína bruta (PB) da dieta aumentou a eficiência da utilização da PB da dieta, reduziu a excreção de azoto, as perturbações intestinais, o nível de amoníaco na cama, minimizou os excessos de aminoácidos, melhorou a tolerância das aves a temperaturas ambiente elevadas e maximizou a rentabilidade (Leeson et al., 2001 e Coon, 2004).

Keshavarz e Austic (2004) referiram que a ingestão diária de azoto era mais elevada para as galinhas do controlo positivo (16 a 16,5%) do que para o controlo negativo (13% PC) com e sem suplementação com os aminoácidos essenciais limitantes, devido à maior quantidade de proteínas na dieta deste grupo de controlo. A percentagem de retenção de N foi mais baixa para as galinhas dos controlos positivo e negativo do que para os outros tratamentos dietéticos e, em consequência, as percentagens de excreção de N foram mais elevadas do que para as galinhas dos outros tratamentos dietéticos. A excreção diária absoluta de N foi mais elevada para as galinhas do grupo de controlo positivo do que para as galinhas dos outros tratamentos dietéticos.

El-Husseiny et al. (2005) afirmaram que a digestibilidade do extrato etéreo e a digestibilidade da fibra bruta não afectaram significativamente os diferentes níveis de proteína para galinhas poedeiras.

A emissão de amoníaco é uma das principais preocupações da indústria avícola e pode ser reduzida através do teor de PC da dieta. Roberts et al. (2007) referiram que a redução de 19,10% da proteína bruta da dieta não afectou significativamente ($P < 0,05$) o consumo de N, mas a excreção de N foi inferior à das galinhas alimentadas com dietas normais de proteína bruta (19,77%).

Zeweil et al., (2011) relataram que a digestibilidade aparente da matéria seca e a digestibilidade da proteína bruta aumentaram significativamente com a diminuição dos níveis de proteína. Além disso, a diminuição da proteína bruta de 16 para 14 e para 12 % na dieta de Baheij levou a uma redução significativa do azoto excretado em 33,82 e 45,45%, respetivamente.

2.5.2. Efeito dos níveis de TSAA:

A metionina é um aminoácido limitante primário e é frequentemente suplementada para equilibrar o rácio de aminoácidos. No entanto, a metionina pode ser suplementada em excesso, o que pode ter consequências deletérias. A carência deste nutriente tem sido um problema histórico de interesse nutricional, mas Harper et al. (1970) propuseram duas teorias distintas e polares para lidar com o excesso de suplementação de aminoácidos: estado fisiologicamente dependente anabólico e catabólico. Num estado anabólico, um excesso de aminoácidos estimula a síntese de proteínas e reprime a degradação de proteínas no fígado. Neste caso, o aminoácido mais limitante é retido no fígado, enquanto no plasma a concentração do aminoácido limitante é reduzida, levando a uma alteração do padrão de aminoácidos no plasma e, subsequentemente, a uma diminuição do consumo de ração (McNab, 1994).

O consumo deficiente de alimentos é uma caraterística de um desequilíbrio de aminoácidos porque a ingestão de um excesso de aminoácidos individuais durante um baixo consumo de proteínas resulta frequentemente na acumulação desses aminoácidos nos fluidos corporais. Isto representa uma mistura incompleta de aminoácidos numa dieta já limitada em aminoácidos e uma resposta homeostática do animal para evitar a perda indevida do aminoácido limitante. Uma segunda teoria é a teoria catabólica proposta por Lewis e D'Mello (1967), que sugere que um excesso de um aminoácido específico aumenta o catabolismo geral e a excreção

de aminoácidos, resultando na perda do aminoácido alvo. Um padrão de aminoácidos livres no soro, plasma e tecido que não seja equivalente às necessidades do animal pode, de facto, ser devido a mecanismos que apoiam a teoria catabólica. Uma depressão da taxa de crescimento e da ingestão de alimentos é também uma consequência. Esta situação é provocada por doses excessivas de um único aminoácido, nomeadamente de metionina. Nestes casos, o aminoácido limitante perde-se por via renal ou oxidativa. Os exemplos de carência foram descritos mais extensivamente, mas também estão documentados exemplos de excesso que podem causar problemas.

Vários autores referiram os efeitos benéficos dos aminoácidos essenciais quando adicionados a dietas de baixa proteína para poedeiras, bem como a redução do teor proteico com o envelhecimento das galinhas (Chavez et al., 1966; Reid et al., 1966 e Franchini et al., 1986), embora outros autores tenham obtido resultados contraditórios (Bray, 1964; Summer e Leeson, 1983). Keshavarz e Jackson (1992), ao alimentarem galinhas com concentrações reduzidas de proteínas (de 160 a 120 g/kg PC) suplementadas com metionina, observaram uma produção de ovos e um peso dos ovos ligeiramente inferiores aos do grupo de controlo (180 g/kg PC). Quando as necessidades de aminoácidos essenciais são satisfeitas, os aminoácidos não essenciais podem ser um fator limitante. De facto, a conversão de aminoácidos essenciais em não essenciais pode reduzir o nível dos primeiros ao ponto de estes se tornarem limitantes para um desempenho ótimo (Keshavarz e Jackson, 1992).

Chi e Speers (1973) e Waldroup e Hellwig (1995) verificaram que o excesso de metionina suplementado numa dieta que continha 14% de milho provocava uma diminuição do crescimento. A toxicidade da metionina afecta o fígado, bem como os rins e o pâncreas. Tal como acontece com outros aminoácidos fornecidos em excesso, ocorre desaminação e forma-se ácido úrico altamente tóxico quando o azoto está em excesso e não é incorporado com outros aminoácidos ou proteínas. Para além da emissão de amoníaco, o enxofre está também em excesso quando a metionina é catabolizada em excesso. Este enxofre pode formar sulfuretos e mesmo ácido sulfúrico na corrente sanguínea da ave. Em reação a estes contaminantes, observa-se uma depressão no consumo de alimentos e na taxa de crescimento como sinais iniciais de toxicidade (Dibner et. al., 1994).

Uma das principais questões que as indústrias avícolas enfrentam é o impacto da produção moderna no ambiente (Blair et al., 1999). Um dos desafios ambientais com que a indústria avícola se tem confrontado é a utilização ou eliminação do estrume. O estrume das aves de capoeira e os seus compostos azotados podem ser um poluente potencial que causa eutrofização, contaminação da água com nitratos ou nitritos, volatilização de amoníaco e deposição de ácidos no ar (Summers, 1993; Moore, 1998). Por conseguinte, a redução da excreção de azoto no estrume das aves de capoeira é um primeiro passo importante para a manutenção de um ambiente limpo.

Podem ser utilizadas várias estratégias alimentares para reduzir a excreção de azoto no estrume das aves de capoeira, incluindo a suplementação de aminoácidos sintéticos em dietas pobres em proteínas, a utilização de hidroxianálogos ou cetoácidos de aminoácidos para suplementar dietas pobres em proteínas ou o conceito de um rácio proteico ideal na dieta. O conceito de rácio proteico ideal foi anteriormente analisado em pormenor (Emmert e Baker, 1997; Barker, 2003). Resumidamente, este conceito foi concebido como um meio de formular dietas baseadas na satisfação das necessidades proporcionais de aminoácidos dos animais para a acumulação e manutenção de proteínas, evitando simultaneamente deficiências e excessos. (Baker e Han; 1994 e Baker et al., 2002). As abordagens de manipulação da dieta também se centraram extensivamente na metionina como um aminoácido essencial para reduzir a excreção de azoto pelas aves de capoeira e os problemas de poluição associados.

Naulia e Singh (2002) referiram que a digestibilidade da matéria seca e orgânica das poedeiras era significativamente mais elevada para as poedeiras alimentadas com 0,323% de metionina em comparação com 0,248 e 0,267% de metionina.

El-Husseiny et al. (2005) observaram que a adição de DL-metionina (0,40 e 0,50 %) a dietas

Lohmann Brown não teve efeito significativo no coeficiente de digestibilidade da MS. Abd-El-Samee et al. (2007) indicaram que o aumento do nível de metionina na dieta de galinhas poedeiras aumentou significativamente a digestibilidade do extrato etéreo.

A DL-metionina é normalmente considerada como o primeiro aminoácido limitante nas dietas das aves de capoeira. Em geral, o equilíbrio de aminoácidos e a retenção de azoto são melhorados pela suplementação de metionina. A digestibilidade aparente da matéria seca e a digestibilidade das proteínas melhoraram significativamente com o aumento dos níveis de metionina. Além disso, as poedeiras alimentadas com os níveis mais baixos de metionina nas suas dietas (1,673% da PC) consumiram a maior quantidade de azoto (5,46 g/dia) e evitaram a menor quantidade de azoto (0,72 g/dia) nas suas excreções (Zeweil et al., 2011).

2.5.3. Efeito de interação entre a proteína e a TSAA:

O impacto da produção moderna de aves de capoeira no ambiente continua a ser uma questão importante para a agricultura animal. Nalgumas regiões, a poluição ambiental limita severamente a expansão da agricultura animal, com implicações para a contaminação das águas superficiais e subterrâneas, e pode levar a conflitos com populações urbanas em expansão. A gestão dos resíduos animais é um aspeto importante da agricultura sustentável. Consequentemente, está atualmente a ser estabelecida legislação em vários países para controlar a contaminação ambiental causada pelos resíduos animais. Podem ser adoptadas várias abordagens para atenuar os problemas potenciais. Uma delas consiste em minimizar a excreção de azoto (N) nos resíduos em vez de lidar com ele depois de os resíduos terem sido produzidos. Atualmente, os alimentos para animais são combinados, muitas vezes com a adição de pequenas quantidades de AA suplementar, para satisfazer as necessidades das aves relativamente ao AA mais limitante. Esta abordagem resulta normalmente num teor de proteína bruta (PB) da dieta superior ao necessário, devido à presença de excesso de AA. As dietas podem ser formuladas com um teor reduzido de PC e níveis mais elevados de AA suplementares, fornecendo os níveis adequados de AA essenciais e evitando grandes excessos. Esta é uma boa abordagem para minimizar a entrada de N e utilizar o N da dieta de forma mais eficiente. Atualmente, estão disponíveis informações mais precisas sobre o teor de AA dos alimentos para animais. Além disso, a utilização de AA suplementar permite reduzir a PC total da dieta, sem deixar de satisfazer as necessidades das aves. As estimativas da redução possível nas galinhas poedeiras variam entre 20% Blair et al. (1976) e mais de 50% (Summers, 1993). Para os frangos de carne, as estimativas variam entre 10% e 30% (Parr e Summers, 1991).

Uma vez que existe uma relação direta entre os teores de azoto do estrume e dos alimentos, as concentrações de proteínas na dieta foram reduzidas e, atualmente, o teor nas dietas das aves é muito inferior ao utilizado na última década (Lopez e Leeson, 1995).

Um melhor conhecimento das necessidades das aves em aminoácidos essenciais e a disponibilidade comercial de aminoácidos sintéticos, principalmente metionina, contribuíram para a otimização dos regimes alimentares, a fim de reduzir a ingestão e a excreção de azoto. De acordo com Keshavarz e Jackson (1992), às 18 semanas, as frangas alimentadas com dietas pobres em proteínas e suplementadas com aminoácidos sulfurados atingiram um corpo de peso. Foram realizados vários estudos sobre a redução do teor de proteínas das dietas das aves de capoeira, principalmente por razões económicas e ecológicas.

Zeweil et al. (2011) relataram que a interação entre os níveis de proteína e metionina indicou que as poedeiras alimentadas com os níveis mais baixos de proteína (12%) consumiram e excretaram a menor quantidade de azoto em comparação com as alimentadas com os outros níveis de PC (14 ou 16 % PC). A diminuição dos níveis de proteína e o aumento dos níveis de metionina aumentaram significativamente a digestibilidade aparente da matéria seca e da proteína bruta.

2.6. Avaliação económica (EE):

2.6.1. Efeito dos níveis de proteína:

Abd El-Maksoud et al. (2011) referiram que os melhores valores para a eficiência económica e a eficiência económica relativa foram registados por galinhas alimentadas com uma dieta com 16% de PC contra 12 e 14% de PC para galinhas poedeiras locais entre as 32 e as 44 semanas de idade.

Zeweil et al. (2011) mediram a resposta de galinhas poedeiras Baheij à proteína da dieta, progredindo de 12 a 16% entre 28-48 semanas de idade. Verificaram que a dieta com 12 % de PC provou ser a dieta com maior eficiência económica relativa em comparação com as outras dietas com 14 e 16 % de PC.

2.6.2. Efeito dos níveis de TSAA:

Hassan et al. (2003[a]) referiram que a eficiência económica (EE) mais elevada se verificou quando os frangos foram alimentados com dietas suplementadas com metionina (0,48 a 0,55%) e a receita líquida foi de 3,97 L.E.

Abd El-Maksoud et al. (2011) afirmaram que os valores mais elevados de eficiência económica e eficiência económica relativa foram registados para galinhas alimentadas com uma dieta suplementada com metionina. As galinhas alimentadas com uma dieta com 14% de baixo teor de PC e com suplemento de metionina registaram a melhor eficiência económica e eficiência económica relativa.

Zeweil et al. (2011) mediram a resposta de galinhas poedeiras Baheij a quatro níveis de metionina (1,673, 2,000, 2,327 e 2,754% de proteína bruta) entre 28-48 semanas de idade. Verificaram que as dietas que continham 2,327 e 2,754 % de proteína bruta provaram ser a dieta com maior eficiência económica relativa (115,06 e 115,99%, respetivamente) em comparação com as outras dietas.

2.6.3. Efeito de interação entre a proteína e a TSAA:

Abd El-Maksoud et al. (2011) verificaram que o valor mais elevado de eficiência económica e eficiência económica relativa foi registado para galinhas alimentadas com uma dieta suplementada com metionina. As galinhas alimentadas com uma dieta com 14% de baixo teor de PC e com suplemento de metionina registaram a melhor eficiência económica e eficiência económica relativa.

Zeweil et al., (2011) mediram a resposta das galinhas poedeiras Baheij a quatro níveis de metionina (1,673, 2,000, 2,327 e 2,754% de proteína bruta) entre as 28-48 semanas de idade. Verificaram que a

As dietas contendo 12% de proteína bruta e suplementadas com 2,327 e 2,754 Met % de PC provaram ser a dieta com maior eficiência económica relativa (115,06 e 115,99%, respetivamente) em comparação com as outras dietas.

CAPÍTULO 3

3. MATERIAIS E MÉTODOS

O presente estudo foi realizado na quinta de investigação avícola, Departamento de Avicultura, Faculdade de Agricultura, Universidade de Zagazig, Zagazig, Egito, durante o período de fevereiro a junho de 2011.

3.1. Desenho experimental:

Foi planeado estudar o efeito dos níveis de proteína dietética e de aminoácidos sulfurados totais (TSAA) e a sua interação no desempenho e na qualidade dos ovos, bem como na digestibilidade dos nutrientes, na poluição ambiental por azoto e em alguns parâmetros bioquímicos sanguíneos de galinhas poedeiras Lohmann Brown das 18 às 34 semanas de idade.

Foi realizada uma experiência com um desenho fatorial 3×3, incluindo três níveis de PC (16, 18 e 20%) e três níveis de aminoácidos sulfurados totais (0,67, 0,72 e 0,77%) até às 18-34 semanas de idade, como se mostra no Quadro (1).

Tabela 1. Projeto experimental.

Treatment group	No. of birds	Dietary treatment	
		Dietary protein level%	Dietary TSAA level%
1	20		0.67
2	20	16	0.72
3	20		0.77
4	20		0.67
5	20	18	0.72
6	20		0.77
7	20		0.67
8	20	20	0.72
9	20		0.77

3.2. Galinhas experimentais:

Um número total de 180 galinhas castanhas de Lohmann com 18 semanas de idade foi dividido aleatoriamente em 9 grupos de tratamento de 20 galinhas (5 réplicas/tratamento e 4 galinhas/replicas). Cada réplica foi alojada numa gaiola de postura. As galinhas de todos os grupos experimentais tinham quase o mesmo peso vivo médio inicial e não eram estatisticamente diferentes.

3.3. Dietas experimentais:

As dietas isocalóricas basais foram formuladas para conter 16, 18 e 20% de proteína bruta e 0,67% de TSAA. Cada proteína bruta da dieta foi suplementada com DL-metionina para fornecer o nível de (0,72 ou 0,77%) TSAA. A composição e a análise química das dietas experimentais basais são apresentadas no Quadro 2.

3.4. Gestão:

As aves de todos os grupos de tratamento foram criadas durante o período experimental em compartimentos experimentais adequados e foram mantidas nas mesmas condições de gestão, higiene e ambiente. As galinhas foram alojadas em gaiolas de tipo convencional com ração e água fornecidas para consumo ad-libitum. As galinhas foram mantidas num regime de luz (17 horas de luz: 7 horas de escuridão) durante todo o ensaio. As dimensões da gaiola eram de 25×40×50 cm, o que equivale a 2.000 cm^2 de espaço no chão. A vacinação e o programa médico foram efectuados de acordo com as diferentes fases de idade, sob a supervisão de um veterinário. O período experimental (18 a 34 semanas de idade) foi dividido em fases de produção (18-22, 22-26, 26-30 e 30-34 semanas de idade), que representam o desempenho produtivo da curva de postura. Cada fase representou dados de 4 semanas.

3.5. Medidas investigadas:

3.5.1. Desempenho produtivo:

Tabela 2. Composição e análise química das dietas experimentais.

Protein levels %		**16**			**18**			**20**	
TSAA levels %	**0.67**	**0.72**	**0.77**	**0.67**	**0.72**	**0.77**	**0.67**	**0.72**	**0.77**
Ingredients%									
Yellow corn	67.34	67.34	67.34	62.14	62.14	62.13	53.00	53.00	53.00
Soybean meal 44%	15.50	15.50	15.50	22.00	22.00	22.00	31.05	31.05	31.05
Corn gluten 62%	4.43	4.38	4.33	4.41	4.36	4.31	2.70	2.64	2.59
Wheat bran	1.80	1.80	1.80	-	-	-	-	-	-
Cotton seed oil	-	-	-	0.70	0.70	0.70	2.75	2.75	2.75
NACL	0.30	0.30	0.30	0.30	0.30	0.30	0.30	0.30	0.30
Vitamin premix [1]	0.15	0.15	0.15	0.15	0.15	0.15	0.15	0.15	0.15
Mineral premix [2]	0.15	0.15	0.15	0.15	0.15	0.15	0.15	0.15	0.15
Dicalcium phosphate	1.86	1.86	1.86	1.80	1.80	1.80	1.70	1.70	1.70
Limestone	8.20	8.20	8.20	8.20	8.20	8.20	8.20	8.20	8.20
L-lysine HCL	0.17	0.17	0.17	0.11	0.11	0.11	-	-	-
Dl-Methionine	0.10	0.15	0.20	0.04	0.09	0.15	-	0.06	0.11
Total	**100**	**100**	**100**	**100**	**100**	**100**	**100**	**100**	**100**
Chemical analysis									
a- Determined analysis[3]									
Crude protein%	16.6	17.23	17.23	17.28	18.66	18.71	20.13	21.28	21.30
Crude fat %	4.47	4.83	4.88	4.20	5.00	5.20	4.00	5.11	5.20
Moisture %	9.45	10.90	9.85	9.99	10.00	10.37	10.00	9.98	10.22
b- Calculated analysis[4]									
ME, Kcal /Kg	2800	2800	2800	2801	2801	2801	2800	2800	2800
Crude protein %	16.01	16.01	16.01	18.03	18.03	18.02	19.98	19.98	19.98
Calcium%	3.64	3.64	3.64	3.64	3.64	3.64	3.62	3.62	3.62
Nonphytate P %	0.45	0.45	0.45	0.45	0.45	0.45	0.43	0.43	0.43
Lysine%	0.84	0.84	0.84	0.94	0.94	0.94	1.04	1.04	1.04
Methionine%	0.41	0.46	0.51	0.39	0.44	0.49	0.37	0.42	0.47
Cystine%	0.26	0.26	0.26	0.28	0.28	0.28	0.30	0.30	0.30
TSAA %	0.67	0.72	0.77	0.67	0.72	0.77	0.67	0.72	0.77
TSAA of % CP	4.18	4.50	4.81	3.72	4.00	4.27	3.35	3.60	3.85
Lysine of % CP	5.25	5.25	5.25	5.25	5.25	5.25	5.25	5.25	5.25
Choline mg / Kg	855	855	855	1000	1000	1000	1180	1180	1180
Price/ton diet,L.E[5]	2389	2404	2419	2465	2480	2498	2602	2620	2635

[1]Premix vitamínico para camadas: Cada 1,5 Kg é composto por : Vit. A 12000.000 UI; Vit. D3, 2000.000 UI, Vit.E 10g; Vit. K 328 ; Vit. B1, 1000 mg; Vit. B2, 5000 g; Vit. B6, 1500 mg, Vit. B12,10 mg; Biotina 50 mg; Ácido pantoténico, 10 g; Niacina, 30 g; Ácido fólico, 1000 mg;

[2]Pré-mistura mineral para camadas: Cada 1,5 Kg é composto por Mn, 60 g; Zn, 50 g; Cu; 10g; I, 1000 mg; Si, 100 mg; Co.1000 mg.
[3]Analisar d de acordo com (A.O.A.C. 1990)
[4]Cálculo efectuado de acordo com NRC (1994).
[5]Caculadas de acordo com o preço dos ingredientes da ração quando a experiência foi iniciada

3.5.1.1. Peso vivo (LBW):

As galinhas foram pesadas individualmente no início (18 semanas de idade) e no final (34 semanas de idade) dos períodos experimentais. O peso corporal vivo foi totalizado e dividido pelo número de galinhas de cada grupo de tratamento para obter o peso corporal vivo médio (PCV).

3.5.1.2. Alteração do peso corporal (CBW):

A variação do peso corporal (WI) foi calculada subtraindo o peso médio inicial do corpo vivo de cada réplica do peso médio final do corpo (WF) para a mesma réplica (CBW = WF-WI).

3.5.1.3. Consumo de alimentos (F1):

No início do período experimental, foi pesada uma determinada quantidade de cada dieta experimental para cada réplica dentro de cada grupo de tratamento. No final do período, os resíduos foram pesados e subtraídos da quantidade oferecida para obter o consumo total de ração por réplica durante o período, que foi dividido pelo número de galinhas para obter a quantidade média de (F1) por pinto em cada réplica/grupo.

A seguinte equação foi aplicada para obter a quantidade de (F1) por pinto:

$$\text{Average F1/chick/period} = \frac{\text{Feed intake (g) during a given period}}{\text{Number of chicks during the same period}}$$

3.5.1.4. Rácio de eficiência alimentar (FER):

O rácio de eficiência alimentar (FER) foi calculado como unidades de gramas de ovo para um grama de ração, durante um determinado período, da seguinte forma

$$\text{Feed efficiency ratio} = \frac{\text{Egg mass (g) during a given period}}{\text{Average feed intake (g) during the same period}}$$

3.5.1.5. Utilização de proteínas (PU):

A utilização de proteínas (PU) foi calculada em todos os períodos estudados da seguinte forma:

$$\text{Protein utilisation} = \frac{\text{Protein consumed (g) during a given period}}{\text{Egg mass (g) during the same period}}$$

3.5.1.6. Caraterísticas da produção de ovos:

3.5.1.6.1. Número do ovo (EN):

O número de ovos foi registado diariamente por réplica desde o início da postura até ao final (34 semanas de idade) da experiência. O número de ovos por galinha foi totalizado todos os meses.

3.5.1.6.2. Peso do ovo (PE):

O peso dos ovos (g) foi registado individualmente, com uma aproximação de 0,05 gramas, a partir do início da postura, para cada mês.

3.5.1.6.3. Massa do ovo (EM):

A massa dos ovos (g) foi obtida multiplicando o número de ovos pelo peso médio dos ovos em cada réplica por mês.

3.5.2. Critérios de qualidade dos ovos:

As medidas de qualidade dos ovos foram determinadas para cada período (um mês) na segunda e quarta semanas de cada período, de acordo com Shehata (2000). Dois ovos postos consecutivamente foram retirados aleatoriamente de cada réplica, sendo 20 ovos por tratamento, durante todo o período de produção (4 meses).

3.5.2.1. Medidas externas:

3.5.2.1.1. Comprimento e largura do ovo:

O comprimento e a largura de cada ovo foram medidos com um paquímetro de Venier, com uma aproximação de 0,05 milímetros.

3.5.2.1.2. Índice de forma do ovo (ESI):

Foi calculado da seguinte forma:

$$\text{Egg shape index (\%)} = \frac{\text{Egg width (mm)}}{\text{Egg length (mm)}} \text{ X } 100$$

3.5.2.1.3. Peso da casca:

A casca de cada ovo foi pesada individualmente com uma aproximação de 0,05 gramas.

3.5.2.1.4. Espessura da casca:

A espessura da casca foi medida com um micrómetro, com uma aproximação de 0,01 mm, utilizando a média de três pontos (estreito, bordo e equatorial).

3.5.2.1.5. Peso unitário da casca à superfície (USSW) (mg/cm^2):

Foi calculado pela seguinte equação, de acordo com Yalcin et al. (1990) e Altan et al. (1998).

$$\text{USSW} = \frac{\text{Egg weight (mg)}}{\text{Egg surface area (cm}^{2)}} \text{ X } 100$$

Onde:

Superfície do ovo (S) em cm^2 = $3{,}9782W^{0.75056}$

Em que W = peso do ovo (mg).

3.5.2.2. Medições internas:

3.5.2.2.1. Peso da gema:

A gema foi pesada separadamente com uma aproximação de 0,05 gramas.

3.5.2.2.2 Índice de gema (%):

Foi calculado através da seguinte equação:

$$\text{Yolk index (\%)} = \frac{\text{Yolk height (mm)}}{\text{Yolk diameter (mm)}} \times 100$$

Foi utilizado um vidro plano coberto por uma mesa sobre a qual os ovos foram partidos. A altura da gema foi medida com um micrómetro de tripé, com uma aproximação de 0,01 mm, e o diâmetro da gema foi medido com um compasso de calibre vernier, com uma aproximação de 0,05 mm.

3.5.2.2.3. Peso do albúmen:

O peso do albúmen do ovo foi obtido depois de os ovos terem sido partidos individualmente. O peso do albúmen foi obtido subtraindo o peso da gema e da casca do peso do ovo inteiro (Amer, 1972).

3.5.2.2.4. Altura do albume:

As alturas de espessura e espessura do albume foram medidas com um micrómetro de tripé, com uma aproximação de 0,01 mm.

3.5.2.2.5. Unidade Haugh (UH):

Foi calculado pela equação indicada por Yalcin et al. (1990) e Altan et al. (1998).

Unidade Haugh (HU) = 100 log (H+7,57 - 1,7 $W^{0.37}$).

Onde: H = altura do albume (mm).

W = Peso do ovo (g).

3.5.3. Parâmetros bioquímicos do sangue:

No final do período experimental, foram colhidas aleatoriamente amostras de sangue de três aves de cada tratamento, da veia da asa para tubos esterilizados, fechados com rolhas de borracha e agitados suavemente para dissolver o anticoagulante, uma vez que as amostras de sangue foram utilizadas para as determinações seguintes. As amostras de sangue foram centrifugadas a 4000 rpm durante dez minutos e o plasma foi analisado para determinação das proteínas totais (TP) (g/dl), albumina (Alb) (g/dl), AST (U/L) e ALT (U/L), ureia (mg/dl), ácido úrico (mg/dl), creatina (mg/dl) utilizando kits comerciais disponíveis, tal como descrito pelas empresas fabricantes, foram determinados pela técnica RIA, tal como descrito por Akiba et al. (1982), enquanto a globulina foi calculada pela diferença entre as proteínas totais e a albumina.

3.5.4. Análise química:

3.5.4.1. Técnica do ensaio de digestibilidade.

O percurso de digestão foi efectuado no final do período experimental para estimar os coeficientes de digestão das dietas experimentais.

3.5.4.1.1. Aves:

Para cada tratamento, seis poedeiras foram alojadas individualmente em gaiolas metálicas. Foram pesadas antes e depois do período de recolha para assegurar que as poedeiras mantinham o seu peso.

3.5.4.1.2. Gaiolas metálicas

As gaiolas dispunham de uma gaveta para a recolha de excrementos. A gaveta foi coberta com uma folha de papel de alumínio para facilitar a recolha de excrementos. As dietas experimentais e a água foram oferecidas ad-libitum, utilizando recipientes fixos. Uma pequena gaveta coberta com uma folha de plástico foi colocada por baixo do comedouro para permitir a recolha fácil de qualquer alimento espalhado.

3.5.4.1.3. O período preliminar e de recolha:
O objetivo do período preliminar (3 dias) é ajustar o consumo de ração para minimizar o alimento residual durante o período de recolha (3 dias).

3.5.4.1.4. As dietas testadas:
A quantidade diária das dietas testadas foi pesada no primeiro dia do período de recolha e oferecida uma vez por dia. No final do percurso, qualquer resíduo de ração foi pesado e subtraído do total de ração oferecida.

3.5.4.1.5. Recolha e secagem dos excrementos:
A recolha de excrementos começou 24 horas após o início do período de recolha. As penas e os alimentos dispersos foram separados ou retirados das excreções. As excreções de cada ave durante o período de recolha foram reunidas e depois secas a 65° C durante 24 horas. As excreções secas dos três dias sucessivos foram deixadas durante algumas horas para se equilibrarem com a atmosfera, depois foram trituradas, bem misturadas e armazenadas num frasco de vidro com tampa de rosca para análise.

3.5.4.1.6. Métodos analíticos:
A análise proximal dos materiais testados, dos alimentos para animais e das excreções secas foi efectuada de acordo com a Association of Official Analytical Chemists (A.O.A.C, 1990), utilizando amostras triplicadas para cada nutriente. O procedimento de Jacobsen et al. (1960), utilizando ácido tricloroacético, foi adotado para estimar o azoto fecal e, em seguida, a estimativa foi feita tal como descrito por Han e dadey (1976).

Os coeficientes de digestão foram determinados para cada nutriente (PC, EE, CF, NFE e OM) utilizando a seguinte equação: - DC % = A - B×100/A

Onde

A: Nutriente da ração com base na MS.

B: Nutrientes nas fezes com base na MS.

NFE (alimentação):

Foi obtido da seguinte forma:-

NFE = MS - (CP% + EE% + CF% + Ash %).

3.5.4.2. Variação do azoto excretado:

Os critérios para o azoto são determinados com base na seguinte fórmula

$$\text{Change of nitrogen excreted (\%)} = \frac{\text{(N excreted of tested diet} - \text{N excreted of control diet)}}{\text{N excreted of control diet}} \times 100$$

O azoto consumido e excretado foi analisado pelo método kjeldahl de acordo com (AOAC, 1990).

2.5.5. Análise química do ovo inteiro e seus fraccionamentos:
Dois ovos de cada réplica foram recolhidos aleatoriamente no final (34 semanas de idade) da experiência para medir os sólidos totais e a composição química dos ovos inteiros. A gema e o albúmen foram misturados com a casca, depois de o ovo ter sido partido, e homogeneizados num prato de alumínio. A amostra foi primeiramente pesada e, em seguida, seca numa estufa durante 24 horas a 60 °C para eliminar a humidade primária, depois as amostras foram secas numa estufa durante 3 horas a 105 °C para eliminar a humidade secundária e, em seguida, pesadas. Posteriormente, as

amostras foram guardadas em sacos de plástico para análise química. Além disso, foram utilizados outros quatro ovos por réplica para analisar a composição química dos sólidos da gema e do albúmen individualmente. Depois de o ovo ter sido partido numa placa de vidro, a gema foi separada do albúmen por um funil de separação. Em seguida, misturaram-se separadamente 4 gemas e albúmen por tratamento. As amostras foram colocadas numa placa de Petri e introduzidas numa estufa até secarem, sendo depois guardadas em sacos de plástico para análise química. Os componentes matéria seca, matéria orgânica, proteína bruta, lípidos totais, extrato isento de azoto e cinzas totais foram determinados no conteúdo seco dos ovos, utilizando os métodos descritos na (A.O.A.C, 1990).

3.6. Avaliação económica:

3.6.1. Custo total da alimentação:

O custo da alimentação por kg de ovo foi calculado da seguinte forma, em qualquer dos períodos estudados:

Custo da alimentação / kg de ovo = conversão alimentar x custo da alimentação de um kg de dieta.

Custo total da alimentação = consumo de ração* custo do kg.

3.6.2. Preço de mercado de um ovo:

O preço do ovo foi calculado da seguinte forma:

Preço do ovo = massa do ovo x preço de um g de ovo.

3.6.3. Rendimento líquido:

O rendimento líquido foi calculado da seguinte forma:

Rendimento líquido = preço do ovo - custo da alimentação

A massa total de ovos (kg) de cada tratamento durante o período experimental foi multiplicada por 11 libras/kg de ovo, que representa o preço adequado de cada kg no mercado local na altura do ensaio.

3.6.4. Eficiência económica (EE)

A eficiência económica % foi calculada em qualquer período estudado da seguinte forma: (Heady e Jensen, 1954).

$$EE\% = \frac{\text{Net return}}{\text{Total feed cost}} X\ 100$$

3.7. Análise estatística:

Os dados foram analisados estatisticamente com base num desenho fatorial 3×3, de acordo com Snedecor e Cochran (1982), utilizando o seguinte modelo

$$Y_{ijk} = \mu + A_i + S_j + AS_{ij} + e_{ijk}$$

Onde: Y_{jik} = uma observação, μ = a média geral, A_i = efeito do nível de proteína (i=1 a 3), Sj = efeito do nível de TSAA (j =1 a 3), ASij = a interação entre as duas variáveis e e j_{ik} = Erro aleatório experimental. O novo teste de intervalo múltiplo de Duncan (Duncan, 1955) foi utilizado para comparação entre médias significativas.

CAPÍTULO 4

4. RESULTADOS E DISCUSSÃO

4.1. Desempenho produtivo:

4.1.1. Peso corporal vivo e variação do peso corporal:

4.1.1.1. Efeito dos níveis de proteína:

Os resultados do Quadro 3 mostram que o peso corporal final e a alteração do peso corporal foram significativamente afectados (P<0,05) devido aos diferentes níveis de proteína na dieta das galinhas poedeiras. Verificou-se que as galinhas alimentadas com o nível mais elevado de proteína bruta (20%) tiveram um peso corporal final mais elevado (1860,33 g/galinha) em comparação com as galinhas alimentadas com outros níveis de PC (Tabela 3). A melhoria do peso corporal e da variação do peso corporal com níveis elevados de proteína bruta pode dever-se à disponibilidade e ao equilíbrio dos aminoácidos fornecidos pela dieta testada.

No entanto, a diminuição do peso corporal devido à alimentação com o tratamento dietético mais baixo (16% PC) foi explicada por Cole (1996), uma vez que, nalguns casos, os aminoácidos dietéticos podem ser absorvidos numa forma que não está disponível para o animal devido à produção do complexo frutose-lisina. Isto levaria a uma inibição da libertação de tripsina e a utilização da lisina permaneceria apenas em 10%, conduzindo a uma absorção mais lenta dos aminoácidos e, eventualmente, a um fraco desempenho das galinhas poedeiras. Além disso, parece que as reservas de proteínas corporais foram gradualmente esgotadas nas aves alimentadas com a dieta reduzida em PC. Os resultados obtidos confirmam que a redução do peso corporal se deveu à diminuição das proteínas da dieta. Estes resultados não estão de acordo com os dados comunicados por Hassan et al. (2000), Yakout (2000), Abd El-Maksoud et al. (2011) e Zeweil et al. (2011), que encontraram uma diferença insignificante na média geral do peso corporal das galinhas poedeiras alimentadas com diferentes níveis de proteína.

Tabela 3. Peso corporal vivo e alteração do peso corporal ($\bar{X}\pm SE$) das galinhas poedeiras Lohmann afectados pelos níveis de proteína, aminoácidos sulfurados totais e respectiva interação.

Items		Initial body weight (g)	Final body weight (g/h)	Change of body weight (g)
		At 18 wk of age	At 34 wk of age	At 34 wk of age
Protein		NS	*	**
	16	1666.40±13.21	1748.70±4.58^{b}	82.30±19.65^{b}
	18	1651.46±22.23	1790.33±7.35^{b}	131.26±11.25^{b}
	20	1664.26±13.38	1860.33±5.45^{a}	196.07±21.25^{a}
TSSA		NS	NS	NS
	0.67	1657.86±14.50	1818.63±20.21	160.76±21.25
	0.72	1675.20±22.65	1767.13±23.99	91.93±23.25
	0.77	1649.06±12.26	1813.60±13.89	164.54±25.45
Interaction		NS	*	*
	0.67	1668.60±10.89	1777.70±10.24^{b}	109.10±26.80^{bc}
16	0.72	1666.80±15.43	1708.00±18.59^{b}	41.20±30.20^{c}
	0.77	1663.80±10.83	1760.40±8.92^{b}	96.60±36.80^{c}

	0.67	1658.60±16.33	1773.80±23.19^{b}	115.20±36.80^{bc}
18	0.72	1677.40±33.56	1747.60±28.56^{b}	80.80±16.80^{c}
	0.77	1618.40±16.67	1849.60±8.17^{a}	231.20±36.50^{a}
	0.67	1646.40±18.65	1904.40±8.69^{a}	258.00±16.80^{a}
20	0.72	1681.40±16.02	1845.80±20.63^{a}	189.00±30.80^{a}
	0.77	1665.00±6.54	1830.80±14.55^{a}	159.20±36.20^{ab}

As médias na mesma coluna dentro de cada classificação com letras diferentes são significativamente diferentes (P<0,05 ou 0,01).
*= significativo (p<0,05), ** = significativo (p<0,01) e NS = não significativo.

4.1.1.2. Efeito dos níveis de TSAA:

Não houve efeitos significativos dos níveis de TSAA na dieta sobre o peso corporal final e a mudança de peso corporal às 34 semanas de idade (Tabela 3). Esses resultados discordam dos dados relatados por Calderon e Jensen (1990), William et al. (2005) e Abd El-Maksoud et al. (2011), que descobriram que o ganho de peso corporal geralmente aumentou com a suplementação de metionina. No entanto, Novak et al. (2006) relataram que o TSAA não influenciou o ganho de peso corporal, enquanto Hassan et al. (2003), Abdalla et al. (2005) e Zeweil et al. (2011) afirmaram que diferentes níveis de TSAA não tiveram efeito sobre o peso corporal de galinhas poedeiras.

4.1.1.3. Efeito de interação entre a proteína e a TSAA:

Os resultados da Tabela 3 mostraram um efeito significativo (p<0,01) no peso corporal final vivo e na alteração do peso corporal às 34 semanas de idade devido à interação entre os diferentes níveis de proteína da dieta e de TSAA. É digno de nota que o maior peso corporal e a maior variação de peso corporal foram registados por galinhas alimentadas com os níveis mais elevados de proteína (20% PC) com 0,67% de TSAA, esta melhoria no peso corporal pode dever-se à biodisponibilidade e aos aminoácidos equilibrados fornecidos através da dieta testada. Por outro lado, o valor mais baixo foi registado nas galinhas alimentadas com os níveis mais baixos de PC (16% PC) com 0,72% de TSAA no final do período experimental, Tabela 3. Estes resultados concordam com os encontrados por Novak et al. (2006), que verificaram que o ganho de peso corporal aumentou com os níveis de PC e com a suplementação de metionina, mas a exigência de metionina para o peso corporal máximo não pareceu aumentar com o aumento da concentração de proteína. Contrariamente a isso, Abd El-Maksoud et al. (2011) e Zeweil et al. (2011) indicaram que o efeito de interação entre proteína e metionina mostrou diferenças insignificantes no peso corporal no final do período experimental.

4.1.2. Ingestão diária de alimentos:

4.1.2.1. Efeito dos níveis de proteína:

Os resultados do Quadro 4 indicam que o consumo diário de ração entre as 26-30 e as 30-34 semanas de galinhas poedeiras alimentadas com uma dieta de 20% de proteína bruta aumentou significativamente (p<0,05 ou 0,01) em comparação com os valores obtidos pelas galinhas alimentadas com uma dieta de 16 e 18% de proteína bruta. Isto significa que o aumento do nível de proteína da dieta de 16 para 18% não teve efeito significativo no consumo diário de ração, enquanto que o aumento dos níveis de PC de 18 para 20% aumentou significativamente (p<0,01) o consumo diário de ração. Estes resultados concordam parcialmente com os resultados relatados por Novak et al. (2006) que indicaram que o consumo de ração foi afetado pela ingestão de proteínas, onde o consumo de ração diminuiu linearmente à medida que a ingestão de proteínas diminuiu para galinhas Hy-line W-98 das 20 às 43 semanas de idade.

Pelo contrário, Moustafa et al. (2005) e Abd El-Maksoud et al. (2011) referiram que o consumo diário de ração aumentou significativamente com a diminuição do nível de proteína da dieta. Além disso, Zeweil et al. (2011) mencionaram que o consumo diário de ração foi insignificantemente afetado por diferentes níveis de proteína (12, a4 e 16% CP) na dieta das galinhas poedeiras durante o período experimental (28 - 48 semanas de idade).

Tabela 4. Consumo de ração ($\bar{X}$±SE) das galinhas poedeiras Lohmann afetado pelos níveis de proteína, aminoácidos sulfurados totais e respectiva interação.

Items		Feed intake (g/d)				
		18-22 wk	22-26 wk	26-30 wk	30-34 wk	18-34 wk
Protein		NS	Ns	**	*	Ns
	16	94.38±0.58	108.64±0.36	102.79±0.19^{b}	100.91±0.79^{b}	100.75±3.75
	18	96.01±1.07	109.48±0.27	102.47±0.71^{b}	103.53±1.18^{ab}	102.55±2.55
	20	87.60±1.15	110.11±0.11	111.63±0.12^{a}	106.92±0.78^{a}	102.25±2.99
TSSA		NS	Ns	Ns	Ns	Ns
	0.67	94.53±0.86	112.48±0.32	103.78±0.18	105.04±0.75	103.99±2.52
	0.72	93.18±0.92	107.74±0.38	107.04±0.70	103.31±1.20	101.37±3.60
	0.77	90.28±1.03	108.00±0.20	106.07±0.25	103.02±0.87	100.19±2.98
Interaction		NS	NS	Ns	Ns	Ns
	0.67	99.20±0.01	114.19±0.77	98.46±0.59	101.78±0.03	104.81±2.72
16	0.72	93.24±0.68	103.59±1.89	107.87±0.61	106.55±0.09	102.68±4.11
	0.77	90.71±3.04	108.14±0.20	102.04±0.44	94.40±2.75	94.74±3.16
	0.67	93.38±0.48	112.28±1.39	97.60±0.84	100.18±0.74	100.80±2.00
18	0.72	97.48±4.54	107.98±0.58	102.33±3.43	102.93±6.71	102.09±3.36
	0.77	97.19±3.98	108.18±0.42	107.49±1.04	107.50±1.06	104.76±2.33
	0.67	91.01±2.15	110.98±0.36	115.28±0.18	113.15±2.78	106.35±2.50
20	0.72	88.85±0.81	111.65±0.08	110.93±0.43	100.44±2.12	99.33±3.90
	0.77	82.94±0.75	107.69±0.16	108.67±0.39	107.16±1.60	101.06±1.75

As médias na mesma coluna dentro de cada classificação com letras diferentes são significativamente diferentes (P<0,05 ou 0,01).

* = significativo (p<0,05), ** = significativo (p<0,01) e NS = não significativo.

4.1.2.2. Efeito dos níveis de TSAA:

O consumo diário de ração não foi significativamente afetado pelos níveis de TSAA ao longo de todos os períodos experimentais estudados (Tabela 4). Os resultados aqui relatados estão de acordo com os resultados relatados por Abdalla et al. (2005), Zeweil et al. (2011), Pavan et al. (2005) e Sá et al. (2007), que não observaram nenhum efeito significativo do TSAA sobre o consumo de ração para galinhas poedeiras durante o período experimental. Pelo contrário, Hassan et al. (2003) e Abd El-Maksoud et al. (2011) afirmaram que a suplementação de metionina na dieta de galinhas poedeiras locais das 32 às 44 semanas de idade aumentou o consumo de ração. Além disso, Gomez e Angeles (2009) descobriram que, o consumo diário de ração (P <0,01) atingiu a maior resposta em um nível de Met de 0,32% quando usadas dietas contendo diferentes níveis de Met ((0,19, 0,32, 0,45 e 0,58%) durante o segundo ciclo de produção.

4.1.2.3. Efeito de interação entre a proteína e a TSAA:

Não houve efeito significativo entre os níveis de proteína da dieta e de TSAA sobre o consumo diário de ração durante todos os períodos experimentais (Tabela 4). Os resultados aqui relatados estão de acordo com os resultados relatados por Novak et al. (2006), que relataram que o consumo de ração não foi significativamente (P<0,05) afetado pelo efeito de interação entre o consumo de proteína e TSAA para dietas de galinhas poedeiras durante o primeiro período experimental (20-43 semanas de idade). Além disso, resultados semelhantes foram relatados por Zeweil et al. (2011) que indicaram que, a interação entre proteína e metionina revelou que o consumo de ração não foi significativamente afetado pela interação entre os níveis de proteína e metionina para a dieta de galinhas poedeiras Baheig.

Por outro lado, Abd El-Maksoud et al. (2011) relataram que o consumo de ração foi significativamente (P<0,01) influenciado por dietas com PC suplementadas com metionina em comparação com a dieta sem suplementação.

4.1.3. Eficiência alimentar:

4.1.3.1. Efeito dos níveis de proteína:

A proteína da dieta teve um efeito positivo significativo na eficiência alimentar (Tabela 5). O rácio de eficiência alimentar melhorou significativamente (p<0,05 ou 0,01) com o aumento da PC da dieta de 16 para 18 e 20% durante todos os períodos experimentais estudados, exceto no período entre as 18 e as 22 semanas de idade. Estes resultados concordam com Hassan et al. (2000), Yakout et al. (2004), Moustafa et al. (2005) e Novak et al. (2006) que concluíram que o rácio de conversão alimentar melhorava quando o nível de proteína da dieta das poedeiras aumentava. Por outro lado, Zeweil et al. (2011) observaram que a conversão alimentar foi insignificantemente afetada pelos níveis de proteína (12, 14 ou 16%) nas dietas das galinhas poedeiras Baheij durante as 28-48 semanas de idade.

4.1.3.2. Efeito dos níveis de TSAA:

Os resultados na Tabela 5 indicaram que os valores melhorados do rácio de eficiência alimentar foram observados com 0,67 e 0,72% de TSAA nas dietas de 26-30 ou 18-34 semanas de idade. Por outro lado, o rácio de eficiência alimentar nas outras idades estudadas não foi significativamente afetado pelos níveis de TSAA. O aumento da eficiência alimentar pode ser devido ao aumento da massa de ovos e pode ser atribuído a aminoácidos mais equilibrados.

Os resultados obtidos coincidem com os encontrados por koreleski e swiqtkiewicz (2011) e Zeweil et al. (2011) que relataram que a suplementação com metionina melhorou significativamente a conversão alimentar por kg de ovos. Contradizendo os resultados obtidos por Hassan et al. (2000) e Novak et al. (2004) que relataram que a eficiência alimentar não foi significativamente melhorada com o aumento da ingestão de TSAA durante a primeira fase de alimentação (20 a 40 semanas de idade).

Tabela 5. Eficiência alimentar (X±SE) das galinhas poedeiras Lohmann afetada pelos níveis de proteína e de aminoácidos sulfurados totais e pela sua interação.

Items		Feed efficiency (g egg /g feed)				
		18-22 wk	22-26 wk	26-30 wk	30-34 wk	18-34 wk
Protein		Ns	*	**	**	**
	16	0.33±0.16	0.47±0.00^{b}	0.50±0.00^{b}	0.44±0.00^{b}	0.42±0.00^{b}
	18	0.37±0.11	0.53±0.00^{a}	0.58±0.00^{a}	0.44±0.00^{b}	0.46+0. .00^{a}
	20	0.33±0.01	0.53±0.00^{a}	0.56±0.00^{a}	0.51±0.00^{a}	0.46±0.00^{a}
TSSA		Ns	Ns	*	Ns	*
	0.67	0.33±0.01	0.48±0.01	0.56±0.00^{a}	0.44±0.00	0.43±0.00^{b}
	0.72	0.36±0.01	0.54±0.00	0.56±0.00^{a}	0.48±0.00	0.47±0.00^{a}
	0.77	0.35±0.01	0.51±0.00	0.52±0.00^{b}	0.46±0.00	0.44±0.00^{b}
Interaction		Ns	Ns	*	Ns	Ns
	0.67	0.32±0.03	0.43±0.04	0.52±0.02^{c}	0.43±0.02	0.39±0.00
16	0.72	0.34±0.03	0.52±0.02	0.52±0.00^{c}	0.44±0.00	0.45±0.00
	0.77	0.33±0.03	0.46±0.02	0.47±0.00^{d}	0.45±0.03	0.41±0.00
	0.67	0.37±0.03	0.52±0.01	0.64±0.00^{a}	0.40±0.01	0.46±0.00
18	0.72	0.35±0.03	0.56±0.02	0.59±0.01^{b}	0.45±0.02	0.47±0.00
	0.77	4.00±0.03	0.52±0.03	0.51±0.01^{c}	0.47±0.03	0.45±0.00
	0.67	0.29±0.03	0.49±0.05	0.54±0.02^{c}	0.48±0.02	0.44±0.00
20	0.72	0.37±0.03	0.54±0.00	0.57±0.01^{b}	0.56±0.01	0.49±0.00
	0.77	0.33±0.03	0.55±0.02	0.58±0.00^{b}	0.47±0.01	0.45±0.00

As médias na mesma coluna dentro de cada classificação com letras diferentes são significativamente diferentes (P<0,05 ou 0,01).

* = significativo (p<0,05), ** = significativo (p<0,01) e NS = não significativo

4.1.3.3. Efeito de interação entre a proteína e a TSAA:

A interação devido aos níveis de proteína e TSAA foi significativa (p<0,01) apenas durante as 20-30 semanas de idade (Tabela 5). É evidente a partir dos dados obtidos que a dieta de 18% de PC com 0,67 TSAA durante 26-30 semanas de idade para a poedeira registou o melhor (p<0,01) valor do rácio de eficiência alimentar, enquanto que os piores valores foram registados com a utilização da dieta de 16% de proteína com 0,77% de TSAA e 20% de proteína com 0,67% de TSAA. Estes resultados estão em sintonia com os de Novak et al. (2006) e Zeweil et al. (2011), que concluíram que não há diferença significativa devido à interação entre os níveis de proteína e de TSAA na conversão alimentar de galinhas poedeiras Baheij com 28-48 semanas de idade. A melhoria do rácio de conversão alimentar das galinhas alimentadas com 18% de PC e 0,67% de TSAA deve-se ao facto de estas dietas apresentarem a maior massa de ovos e o menor consumo de ração.

4.1.4. Utilização de proteínas:

4.1.4.1. Efeito dos níveis de proteína:

Os resultados no Quadro 6 indicam que a utilização de proteínas melhorou ($p<0,05$) linearmente com o aumento do nível de proteínas da dieta de 16 para 20% em todos os períodos experimentais, exceto durante as 30-34 semanas de idade. O aumento do nível de proteína da dieta de 16 para 18% aumentou de forma insignificante a utilização da proteína, enquanto o aumento do nível de PC de 18 para 20% mostrou uma melhoria significativa da utilização da proteína. Estes resultados concordam com Si et al. (2004[a,b]). De acordo com alguns investigadores, a eficiência do consumo de proteínas em dietas que contêm menos proteínas é normalmente mais elevada (Keshawarz e Jackson 1992, Parr e Summers 1991 e Blair et al., 1999). Estes resultados discordam de Bouyeh e Gevorgian (2011), que concluíram que a utilização de proteínas foi significativamente afetada com o nível mais elevado de proteínas (14,6%) em comparação com o nível mais baixo de proteínas (13,6%).

4.1.4.2. Efeito dos níveis de TSAA:

No período de 26-30 semanas de idade, foram observados valores melhores ($p<0,01$) de utilização de proteína com 0,67 e 0,72% de TSAA nas dietas. No entanto, a utilização de proteínas nas outras idades estudadas não foi significativamente afetada pelos níveis de TSAA, como se mostra na Tabela 6. O aumento do nível de TSAA na dieta de 0,67 para 0,72% aumentou de forma insignificante o rácio de eficiência proteica, enquanto que o aumento do nível de TSAA de 0,72 para 0,77% mostrou uma melhoria significativa da utilização proteica.

4.1.4.3. Efeito de interação entre a proteína e a TSAA:

O efeito de interação entre o PC da dieta e o TSAA foi significativo ($p<0,01$) na utilização das proteínas apenas às 26-30 semanas de idade (Quadro 6). É evidente, a partir dos dados obtidos, que a dieta de 18% de PC com 0,67 TSAA para poedeiras registou o valor mais elevado (3,55±0,12) de utilização de proteínas, enquanto o pior valor (2,71±0,12) foi registado com a utilização de uma dieta de 20% de proteínas com 0,67% de TSAA para a utilização de proteínas entre as 26 e as 30 semanas de idade.

Tabela 6. Utilização de proteínas ($\bar{X}\pm SE$) para galinhas poedeiras Lohmann afetada pelos níveis de proteínas, aminoácidos sulfurados totais e respectiva interação.

Items		Protein utilization (g protein / g egg)				
		18-22 wk	22-26 wk	26-30 wk	30-34 wk	18-34 wk
Protein		**	**	**	NS	**
	16	0.484±0.02^{a}	0.337±0.00^{a}	0.317±0.00^{a}	0.362±0.00	0.374±0.01^{a}
	18	0.487±0.00^{a}	0.334±0.03^{a}	0.310±0.02^{a}	0.399±0.03	0.384±0.03^{a}
	20	0.594±0.02^{b}	0.378±0.02^{b}	0.353±0.03^{b}	0.392±0.02	0.432±0.01^{b}
TSSA		NS	NS	*	NS	NS
	0.67	0.540±0.02	0.370±0.01	0.315±0.01^{a}	0.399±0.02	0.409±0.02
	0.72	0.500±0.00	0.330±0.02	0.319±0.01^{a}	0.370±0.00	0.381±0.02
	0.77	0.510±0.02	0.349±0.04	0.343±0.02^{b}	0.383±0.00	0.397±0.01
Interaction		NS	NS	*	NS	NS
	0.67	0.497±0.04	0.369±0.04	0.304±0.03^{a}	0.375±0.03	0.392±0.02
16	0.72	0.467±0.03	0.305±0.05	0.307±0.03^{a}	0.367±0.04	0.354±0.03

	0.77	0.497±0.02	0.343±0.03	0.336±0.03^{b}	0.348±0.05	0.385±0.01
	0.67	0.482±0.03	0.341±0.03	0.281±0.03^{a}	0.416±0.00	0.384±0.00
18	0.72	0.507±0.04	0.321±0.05	0.303±0.03^{a}	0.399±0.01	0.385±0.03
	0.77	0.448±0.02	0.341±0.04	0.352±0.03^{b}	0.383±0.02	0.384±0.05
	0.67	0.675±0.05	0.404±0.02	0.368±0.03^{b}	0.410±0.03	0.467±0.02
20	0.72	0.529±0.03	0.369±0.04	0.347±0.03^{b}	0.352±0.02	0.399±0.02
	0.77	0.609±0.02	0.363±0.01	0.342±0.03^{b}	0.418±0.00	0.436±0.00

As médias na mesma coluna dentro de cada classificação com letras diferentes são significativamente diferentes (P<0,05 ou 0,01).
* = significativo (p<0,05), ** = significativo (p<0,01) e NS = não significativo.

4.1.5. Número do ovo:

4.1.5.1. Efeito dos níveis de proteína:

Os dados apresentados no Quadro 7 revelam que o número de ovos aumentou significativamente (P<0,01) com dietas com 20 e 18% de PC versus 16% de proteína durante as 26-30 semanas de idade, o que significa que, a partir das 26-30 semanas de idade, o nível de PC da dieta teve um efeito positivo significativo (p<0,01) no número de ovos. Com o aumento dos níveis de proteína da dieta de 16 para 18%, o número de ovos aumentou de 25,30 para 26,35 galinhas/mês; no entanto, um aumento adicional no PC da dieta de 18 para 20% não teve efeito adicional no número de ovos (Tabela 6). Enquanto os outros períodos estudados não mostraram qualquer efeito significativo dos diferentes níveis de proteína. Resultados semelhantes foram relatados por Zeweil et al. (2011), que observaram que, para a média geral (28-48 semanas de idade), a produção de ovos não foi afetada por diferentes níveis de proteína. Além disso, Chaiyapoom et al. (2005) mostraram que as galinhas (Babcock B-308) de 21 a 33 semanas de idade que receberam uma dieta de 14% de PC tiveram desempenhos de produção significativamente piores do que os grupos de 16 e 18% de PC. Ao contrário, Junqueira et al. (2006) alimentaram galinhas poedeiras com dietas experimentais com diferentes níveis de proteína (16, 18 e 20% PB) durante o segundo período de produção. Um aumento nos níveis de proteína da dieta não melhorou a produção ou o desempenho dos ovos. Alguns investigadores chegaram a outras conclusões, que a produção de ovos melhorou significativamente com o aumento dos níveis de proteína na dieta (Hassan et al., 2000, Yakout et al., 2004, Novak et al., 2006, e Abd El- Maksoud et al., 2011).

Tabela 7. Número de ovos ($\bar{X}$±SE) para galinhas poedeiras Lohmann afetado pelos níveis de proteína, aminoácidos sulfurados totais e respectiva interação.

Items		Egg number (hen/month)				
		18-22 wk	22-26 wk	26-30 wk	30-34 wk	18-34 wk
Protein		NS	NS	**	NS	NS
	16	13.75±0. 16	25.73±0.52	25.30±0.29^{b}	23.70±0.48	87.96±4.35
	18	13.51±0.0.30	26.38±0.52	26.35±0.19^{a}	25.54±0.32	91.77±3.13
	20	12.52±0.0.12	25.81±0.37	26.41±0.23^{a}	25.76±0.23	90.10±3.20
TSSA		NS	NS	NS	NS	*

	0.67	12.39±0.22	25.58±0.47	25.77±0.33	24.74±0.36	88.41±2.14^{b}
	0.72	15.19±0.10	26.85±0.49	26.88±0.19	26.34±0.30	94.81±0.72^{a}
	0.77	12.19±0.12	25.75±0.46	24.42±0.14	23.91±0.43	86.60±2.49^{b}
Interaction		Ns	NS	NS	**	**
	0.67	13.35±0.63	25.35±2.01	24.80±1.60^{b}	23.30±1.72^{b}	86.50±5.44
16	0.72	15.60±0.38	26.75±0.65	26.75±0.33^{a}	25.90±0.55^{a}	95.25±0.86
	0.77	12.30±0.38	25.15±2.34	24.30±0.03^{b}	21.90±1.73^{c}	82.15±4.40
	0.67	12.55±0.96	26.95±0.93	26.55±0.58^{a}	24.95±0.89^{b}	90.70±1.36
18	0.72	14.20±0.29	27.00±1.95	26.65±0.76^{a}	26.05±0.66^{b}	93.65±1.08
	0.77	13.80±0.50	25.21±0.79	25.88±0.38^{a}	25.64±1.11^{a}	90.97±5.44
	0.67	11.30±0.50	24.45±0.53	26.00±0.96^{a}	26.00±0.89^{b}	88.05±3.75
20	0.72	15.77±0.20	26.80±1.53	27.15±0.55^{a}	27.10±0.71^{b}	95.55±1.46
	0.77	10.50±0.42	6.20±1.20	26.05±0.22^{a}	24.20±0.79^{b}	86.70±1.97

As médias na mesma coluna dentro de cada classificação com letras diferentes são significativamente diferentes (P<0,05 ou 0,01).

* = significativo (p<0,05), ** = significativo (p<0,01) e NS = não significativo.

4.1.5.2. Efeito dos níveis de TSAA:

Em todos os períodos de postura estudados, os diferentes níveis de TSAA nas dietas não mostraram qualquer efeito significativo no número de ovos, exceto durante todo o período (18-34 semanas de idade), (Tabela 7). Os resultados obtidos indicaram uma melhoria significativa (p<0,01) no número de ovos entre as 18 e as 34 semanas de idade com a dieta contendo 0,72% de TSAA em relação a 0,67% e 0,72% de TSAA. Esses resultados discordam de Bertram et al., (1995), Liu et al., (2005) e Wu et al., (2005[a]) que relataram que o aumento dos níveis dietéticos de TSAA de 0,67 para 0,77% melhorou (p<0,05) o número de ovos para galinhas poedeiras.

A baixa produção de ovos das galinhas alimentadas com níveis baixos de TSAA (0,67%) no presente estudo pode ser atribuída a um desequilíbrio de aminoácidos que provoca a diminuição da síntese proteica, inibe a absorção e aumenta o catabolismo dos aminoácidos essenciais. Ahmad e Roland (2003) encontraram pouco ou nenhum efeito sobre o número de ovos quando vários níveis de TSAA foram dados a galinhas poedeiras. Abd El-Maksoud et al. (2011) afirmaram que a produção de ovos de galinhas poedeiras alimentadas com dieta suplementada com metionina aumentou significativamente em comparação com galinhas alimentadas com dieta sem suplementação de metionina. Por outro lado, Azazi et al. (2006) e Zeweil et al. (2011) referiram que a produção de ovos não foi significativamente afetada por diferentes níveis de metionina.

4.1.5.3. Efeito de interação entre a proteína e a TSAA:

A interação entre os níveis de proteína dietética e de TSAA nas dietas foi significativa (P<0,01) no número de ovos das galinhas poedeiras a partir das 2630 e 30-34 semanas de idade (Tabela 6), enquanto não há diferenças significativas no número de ovos em todas as idades estudadas. Tendo em consideração o número de ovos, pode concluir-se que o nível de 18% de proteína com 0,72% de TSAA seria adequado para galinhas poedeiras na primeira fase de produção (Quadro 7). Estes resultados concordam parcialmente com os obtidos por Zeweil et al. (2011), que indicaram que o efeito de interação entre a proteína e a metionina mostrou diferenças insignificantes na produção de ovos no final do período experimental.

4.1.6. Peso do ovo:

4.1.6.1. Efeito dos níveis de proteína:

Os resultados do peso dos ovos foram significativamente ($p<0,01$) influenciados pelos níveis de proteína bruta em todas as idades estudadas, exceto nas 18-22 semanas de idade, em que o peso dos ovos foi menor quando as galinhas consumiram menos proteína 16% do que as galinhas que consumiram a proteína dietética mais elevada 20% (Tabela 8). Estes resultados estão de acordo com os resultados registados por Yakout (2000) e Abd El-Maksoud et al. (2011). Hassan et al. (2000) e Yakout et al. (2004) relataram que a mudança no EW estava diretamente relacionada com o teor de proteína da dieta e o EW durante as fases iniciais do ciclo de produção de ovos foi aumentado com o aumento do nível de proteína. No entanto, o peso dos ovos que foi influenciado pela ingestão de proteínas pode ser atribuído ao baixo teor de proteínas da dieta e pode induzir uma diminuição da síntese de albumina. Resultados semelhantes foram registados por Novak et al. (2006), que verificaram que o valor mais elevado do peso dos ovos foi obtido com 19 g de proteína/galinha/dia, em comparação com 17 ou 14,4 g de proteína/galinha/dia. Por outro lado, Gunawardana et al. (2009) afirmaram que os diferentes níveis de proteína na dieta de galinhas poedeiras comerciais leghorn não afectaram significativamente o peso dos ovos. Além disso, Zeweil et al. (2011) observaram que o peso dos ovos foi afetado de forma insignificante por diferentes níveis de proteína.

Tabela 8. Peso dos ovos (~~X±SE~~) das galinhas poedeiras Lohmann afetado pelos níveis de proteína, aminoácidos sulfurados totais e respectiva interação.

Items		Egg weight (g)				
		18-22 wk	22-26 wk	26-30 wk	30-34 wk	18-34 wk
Protein		Ns	**	**	*	**
	16	53.37+0.33	55.14+0.52^{b}	56.87+0.33^{c}	54.70+0.31^{b}	55.02± 0.60^{b}
	18	55.68+0.44	61.93+0.52^{a}	62.67+0.29^{b}	52.32+0.34^{b}	58.15+0.54^{a}
	20	54.68+0.30	62.33+0.37^{a}	66.16+0.25^{a}	61.90+0.31^{a}	61.26+0.41^{a}
TSSA		Ns	Ns	Ns	Ns	Ns
	0.67	55.94±0.37	58.96±0.47	62.93±0.26	55.10±0.30	58.23±0.42
	0.72	54.09+0.40	60.92+0.49	61.81+0.36	55.16+0.22	57.99+0.37
	0.77	53.71±0.27	59.52±0.46	60.97±0.23	58.66±0.45	58.21±0.54
Interaction		Ns	NS	NS	NS	NS
	0.67	55.35±1.30	53.86±2.01	57.84±0.99	54.34±1.28	55.34±1.98
16	0.72	53.94+0.82	56.93+0.65	58.34+1.01	54.10+0.84	55.82+1.51
	0.77	50.82±0.68	54.65±2.34	54.45±0.63	55.66±0.84	53.89±1.61
	0.67	57.37±1.39	61.49±0.93	64.34±0.36	49.44±0.42	58.16±0.98
18	0.72	53.65+1.99	63.04+1.95	62.37+1.42	50.74+0.31	57.44+1.99
	0.77	56.04±0.97	61.27±0.79	61.29±0.34	56.78±1.92	58.84±0.98

	0.67	55.10±0.95	61.54±0.53	66.63±0.94	61.52±0.06	61.19±0.89
20	0.72	54.69+0.73	62.79+1.53	64.71+0.37	60.64+1.02	60.70+1.55
	0.77	54.26+0.60	62.66+1.20	67.16+0.34	63.56+1.15	61.91+1.11

As médias na mesma coluna dentro de cada classificação com letras diferentes são significativamente diferentes (P<0,05 ou 0,01).
* = significativo (p<0,05), ** = significativo (p<0,01) e NS = não significativo.

4.1.6.2. Efeito dos níveis de TSAA:

Diferentes níveis de TSAA afetaram de forma insignificante o peso dos ovos (Tabela 8). Os resultados estão de acordo com os de Novak et al. (2004), que não registaram aumentos significativos no peso dos ovos quando aumentaram os aminoácidos sulfurados totais de 0,67 para 0,77%. Schutte et al. (1994) relataram melhorias significativas no peso do ovo quando níveis mais baixos de TSAA foram usados em incrementos graduais. Estes resultados também foram encontrados por Liu et al. (2005) e Wu et al. (2005[a]) que afirmaram que níveis crescentes de TSAA aumentaram o peso dos ovos. Por outro lado, Zeweil et al. (2011) verificaram que diferentes níveis de metionina afectaram significativamente o peso dos ovos, sendo que o aumento do nível de metionina aumentou significativamente o peso dos ovos.

4.1.6.3. Efeito de interação entre a proteína e a TSAA:

Os resultados obtidos a partir da Tabela 8, a interação devido aos níveis de proteína dietética e TSAA nas dietas não foram significativos (P<0,01) sobre o peso do ovo das galinhas poedeiras durante todos os períodos experimentais, Pavan et al. (2005) encontraram diferenças significativas apenas para o peso do ovo com a combinação de 15,5 e 0,71; 17 e 0,71; 15,5 e 0,64; 14 e 0,71; 17 e 0,64 de PC e TSSA, respetivamente, mostrando os valores mais altos. Além disso, a interação entre proteína e metionina revelou que o melhor peso médio dos ovos foi produzido por galinhas alimentadas com 16% de PC suplementado com 2,74 % de metionina do PC (Zeweil et al., 2011).

4.1.7. Massa do ovo:

4.1.7.1. Efeito dos níveis de proteína:

Os dados apresentados na Tabela 9 revelam que a massa de ovos aumentou significativamente (P<0,01) para as poedeiras alimentadas com 20 e 18% de PC em comparação com 16% de proteína em todos os períodos estudados, exceto durante as 18-22 semanas de idade. O aumento do nível de PC da dieta de 16 para 18% teve um aumento significativo (p<0,01) na massa de ovos. No entanto, não foram detectados efeitos positivos adicionais com um aumento adicional do nível de PC da dieta de 18 para 20%. Os resultados aqui relatados estão de acordo com os resultados relatados por Chaiyapoom et al. (2005), que relataram que os diferentes níveis de proteína da dieta tiveram um efeito significativo (p<0,05) na massa do ovo. As galinhas que receberam uma dieta com 16 ou 18% de PC registaram o valor mais elevado de massa de ovos do que as galinhas alimentadas com um grupo com 14% de PC. Além disso, resultados semelhantes foram relatados por Abd El-Maksoud et al. (2011) e Bouyeh e Gevorgian (2011), que mencionaram que a massa do ovo aumentou significativamente com o nível de proteína da dieta. Contrariamente a isso, Zeweil et al. (2011) verificaram que o resultado da massa dos ovos não foi significativamente afetado pelos níveis de proteína da dieta.

4.1.7.2. Efeito dos níveis de TSAA:

Não foi observada qualquer influência significativa nos valores da massa dos ovos devido ao efeito dos níveis testados de TSAA na dieta durante todos os períodos experimentais, exceto na massa dos ovos no período total (18-34 semanas de idade). No entanto, o aumento do nível de TSAA na dieta de 0,67% para 0,72% teve um aumento significativo (p<0,01) da massa de ovos (Tabela 9), mas não foram detectados efeitos positivos adicionais com o aumento do nível de TSAA de 0,72% para 0,77%. Resultados semelhantes foram obtidos por Solarte et al. (2005), que relataram que o aumento do nível de TSAA de 0,684 para 0,734% não teve nenhuma melhora adicional na massa de ovos. Esses resultados concordam com Harms e Russell (1996) e Zeweil et al. (2011), que descobriram que a massa de ovos aumentou à medida que o nível de metionina aumentou de 0,23 para 0,31% no primeiro ciclo produtivo de galinhas poedeiras.

Tabela 9. Massa dos ovos (~~X±SE~~) para galinhas poedeiras Lohmann afetada pelos níveis de proteína, aminoácidos sulfurados totais e respectiva interação.

Items		Egg Mass				
		18-22 wk	22-26 wk	26-30 wk	30-34 wk	18-34 wk
Protein		NS	**	**	**	**
	16	667.45±44.39	1406.07±34.50[b]	1412.80±33.12[b]	1338.09±41.10[c]	4824.42±113.55[b]
	18	675.79±44.39	1598.67±34.50[a]	1636.76±33.12[a]	1505.48±41.10[b]	5418.57±72.61[a]
	20	647.00±44.39	1548.78±34.50[a]	1658.10±33.12[a]	1651.91±41.10[a]	5556.25±91.19[a]
TSSA		NS	NS	NS	NS	*
	0.67	649.79±44.39	1483.08±34.50	1583.64±33.12	1473.39±41.10	5194.81±117.40[b]
	0.72	751.49±44.39	1568.34±34.50	1584.56±33.12	1557.15±41.10	5507.01±56.43[a]
	0.77	588.98±44.39	1502.10±34.50	1539.47±33.12	1465.00±41.10	5097.41±136.21[b]
Interaction		NS	NS	NS	NS	NS
	0.67	652.6±76.90	1370.31±59.77	1386.90±57.37	1320.00±71.20	4729.93±107.93
16	0.72	758.69±76.90	1495.54±59.77	1549.57±57.37	1476.33±71.20	5280.18±48.20
	0.77	590.98±76.90	1352.33±59.77	1301.89±57.37	1217.95±71.20	4463.16±117.45
	0.67	590.98±76.90	1352.33±59.77	1301.89±57.37	1217.95±71.20	4463.16±117.45
18	0.72	676.29±76.90	1629.91±59.77	1677.41±57.37	1430.10±71.20	5413.74±30.50
	0.77	714.91±76.90	1601.61±59.77	1620.29±57.37	1508.85±71.20	5445.68±15.83
	0.67	620.37±76.90	1564.40±59.77	1612.57±57.37	1577.55±71.20	5396.28±131.19
20	0.72	780.86±76.90	1449.03±59.77	1701.28±57.37	1670.08±71.20	5440.77±139.41
	0.77	539.7±76.907	1607.84±59.77	1737.74±57.37	1686.28±71.20	5795.17±40.76

As médias na mesma coluna dentro de cada classificação com letras diferentes são significativamente diferentes (P<0,05 ou 0,01).

* = significativo (p<0,05), ** = significativo (p<0,01) e NS = não significativo.

4.1.7.3. Efeito de interação entre a proteína e a TSAA:

Não houve diferenças significativas devido à interação entre os níveis de proteína da dieta e de TSAA sobre a massa dos ovos em todas as idades do período experimental estudado (Tabela 9). Estes resultados estão em harmonia com os resultados obtidos por Novak et al. (2006), que relataram que o efeito da interação entre a proteína da dieta e o TSAA não afectou significativamente (p<0,05) a massa dos ovos durante as 20-43 semanas de idade das galinhas Hy-Line W-98. Além disso, resultados semelhantes foram obtidos por Zeweil et al. (2011) que indicaram que a massa do ovo não foi significativamente afetada pela interação entre os níveis de proteína e metionina durante 28-48 semanas de idade para galinhas poedeiras Baheij. 4.2. Qualidade do ovo:

4.2.1. Qualidade externa dos ovos:

4.2.1.1. Efeito dos níveis de proteína:

Os dados apresentados nas Tabelas 10, 11, 12 e 13 mostram que o índice de forma do ovo foi significativamente afetado (p<0,05) com vários níveis de proteína às 22 semanas de idade, enquanto não houve qualquer efeito significativo às 26, 30 e 34 semanas de idade. Os resultados do USSW foram significativamente (p<0,05 ou 0,01) influenciados pelos níveis de proteína bruta às 26, 30 e 34 semanas de idade, exceto às 22 semanas de idade. Estes resultados estão parcialmente de acordo com os resultados obtidos por Abd El-Maksoud et al. (2011), que relataram que o melhor valor do índice de forma do ovo foi obtido com uma dieta de 16% de PC em comparação com uma dieta de 12 ou 14% de PC. Por outro lado, Zeweil et al. (2011) revelaram que o índice de forma dos ovos foi afetado de forma insignificante pelos níveis de proteína.

Tabela 10. Qualidade externa dos ovos (~~X±SE~~) das galinhas poedeiras Lohmann afetada pelos níveis de proteína e de aminoácidos sulfurados totais e pela sua interação às 22 semanas de idade.

variables	levels	External egg quality		
		EW (gm)	ESI	Ussw
Protein effect		NS	*	NS
	16	53.37±0.33	78.10±0.20[ab]	3.81±0.00
	18	55.68±0.44	79.67±0.39[a]	3.85±0.00
	20	54.68±0.30	76.78±0.25[b]	3.83±0.01
TSAA effect		NS	*	NS
	0.67	55.94±0.37	76.54±0.30[b]	3.85±0.00
	0.72	54.09±0.40	79.70±0.33[a]	3.85±0.01
	0.77	53.71±0.27	78.30±0.28[ab]	3.82±0.00
Interaction effect		NS	NS	NS
	0.67	55.35±1.30	76.40±0.11	3.84± 0.02
16	0.72	53.94±0.82	79.18±0.70	3.82±0.00
	0.77	50.82±0.68	78.71±0.42	3.76±0.00
	0.67	57.37±1.39	79.66±1.02	3.88±0.00
18	0.72	53.65±1.99	79.69±1.66	3.81±0.02
	0.77	56.04±0.97	79.65±1.24	3.86±0.17
	0.67	55.10±0.95	73.58±0.99	3.84±0.02

20	0.72	54.69±0.73	80.22±0.82	3.83±0.04
	0.77	54.26±0.60	75.55±0.80	3.83±0.01

As médias na mesma coluna dentro de cada classificação com letras diferentes são significativamente diferentes (P<0,01 e 0,05).

* = significativo (p<0,05), ** = significativo (p<0,01) e NS = não significativo.

Tabela 11. Qualidade externa dos ovos ($\bar{X}$±SE) das galinhas poedeiras Lohmann afetada pelos níveis de proteína e de aminoácidos sulfurados totais e pela sua interação às 26 semanas de idade.

variables	levels	External egg quality		
		EW (g)	ESI	USSW
Protein effect		*	NS	*
	16	54.70±0.31^{b}	78.29±0.27	3.85±0.00^{b}
	18	52.32±0.34^{b}	79.08±0.37	3.79±0.01^{a}
	20	61.90±0.31^{a}	77.10±0.23	3.96±0.00^{a}
TSAA effect		NS	NS	NS
	0.67	55.10±0.30	78.65±0.26	3.84±0.01
	0.72	55.16±0.22	78.54±0.22	3.85±0.00
	0.77	58.66±0.45	77.29±0.38	3.91±0.00
Interaction effect		NS	NS	NS
	0.67	54.34±1.28	78.82±1.33	3.83±0.01
16	0.72	54.10±0.84	78.85±0.15	3.84±0.01
	0.77	55.66±0.84	77.20±0.60	3.88±0.03
	0.67	49.44±0.42	79.29±0.85	3.74±0.02
18	0.72	50.74±0.31	79.39±0.73	3.77±0.01
	0.77	56.78±1.92	78.57±1.85	3.86±0.02
	0.67	61.52±0.06	77.83±0.14	3.95±0.03
20	0.72	60.64±1.02	77.38±0.65	3.94±0.02
	0.77	63.56±1.15	76.09±1.22	3.98±0.02

As médias na mesma coluna dentro de cada classificação com letras diferentes são significativamente diferentes (P<0,01 e 0,05).

* = significativo (p<0,05), ** = significativo (p<0,01) e NS = não significativo.

Tabela 12. Qualidade externa dos ovos ($\bar{X}$±SE) das galinhas poedeiras Lohmann afetada pelos níveis de proteína e de aminoácidos sulfurados totais e pela sua interação às 30 semanas de idade.

Variables	levels	External egg quality		
		EW (g)	ESI	USSW
Protein effect		**	NS	**
	16	56.87±0.33^{c}	79.94±0.64	3.86±0.00^{c}

	18	62.67±0.29[b]	80.18±0.74	3.97±0.00[b]
	20	66.16±0.25[a]	78.38±0.19	4.03±0.00[a]
TSAA effect		NS	NS	NS
	0.67	62.93±0.26	79.46±0.44	3.96±0.00
	0.72	61.81±0.36	79.23±0.31	3.96±0.00
	0.77	60.97±0.23	79.63±0.55	3.94±0.00
Interaction effect		NS	NS	NS
	0.67	57.84±0.99	79.67±2.30	3.86±0.02
16	0.72	58.34±1.01	79.43±1.71	3.90±0.01
	0.77	54.45±0.63	80.71±1.73	3.83±0.02
	0.67	64.34±0.36	80.05±0.74	4.00±0.02
18	0.72	62.37±1.42	80.57±0.30	3.97±0.02
	0.77	61.29±0.34	79.93±2.77	3.95±0.00
	0.67	66.63±0.94	79.21±0.37	4.03±0.00
20	0.72	64.71±0.37	77.70±0.56	4.00±0.01
	0.77	67.16±0.34	78.25±0.55	4.04±0.02

As médias na mesma coluna dentro de cada classificação com letras diferentes são significativamente diferentes (P<0,01 e 0,05).

* = significativo (p<0,05), ** = significativo (p<0,01) e NS = não significativo.

Tabela 13. Qualidade externa dos ovos (~~X±SE~~) das galinhas poedeiras Lohmann afetada pelos níveis de proteína e de aminoácidos sulfurados totais e pela sua interação às 34 semanas de idade.

variables	levels	External egg quality		
		EW (g)	ESI	USSW
Protein effect		*	NS	*
	16	54.70±0.31[b]	78.29±0.27	3.85±0.00[b]
	18	52.32±0.34[b]	79.08±0.37	3.79±0.01[a]
	20	61.90±0.31[a]	77.10±0.23	3.96±0.00[a]
TSAA effect		NS	NS	NS
	0.67	55.10±0.30	78.65±0.26	3.84±0.01
	0.72	55.16±0.22	78.54±0.22	3.85±0.00
	0.77	58.66±0.45	77.29±0.38	3.91±0.00
Interaction effect		NS	NS	NS
	0.67	54.34±1.28	78.82±1.33	3.83±0.01
16	0.72	54.10±0.84	78.85±0.15	3.84±0.01
	0.77	55.66±0.84	77.20±0.60	3.88±0.03

18	0.67	49.44±0.42	79.29±0.85	3.74±0.02
	0.72	50.74±0.31	79.39±0.73	3.77±0.01
	0.77	56.78±1.92	78.57±1.85	3.86±0.02
20	0.67	61.52±0.06	77.83±0.14	3.95±0.03
	0.72	60.64±1.02	77.38±0.65	3.94±0.02
	0.77	63.56±1.15	76.09±1.22	3.98±0.02

As médias na mesma coluna dentro de cada classificação com letras diferentes são significativamente diferentes (P<0,01 e 0,05).

* = significativo (p<0,05), ** = significativo (p<0,01) e NS = não significativo.

4.2.1.2. Efeito dos níveis de TSAA

Os diferentes níveis de TSAA não afetaram significativamente todos os traços de qualidade externa dos ovos em todas as idades estudadas em comparação com o índice de forma do ovo às 22 semanas de idade, Tabelas 10, 11, 12 e 13.

Resultados semelhantes foram relatados por Zeweil et al. (2011), que descobriram que o índice de forma do ovo não foi significativamente (p <0,05 ou 0,01) influenciado por diferentes níveis de metionina na dieta de galinhas poedeiras.

4.2.1.3. Efeito de interação entre a proteína e a TSAA:

Os dados das Tabelas 10, 11, 12 e 13 não mostraram nenhum efeito significativo devido aos níveis testados de proteína bruta e níveis de TSAA na dieta de galinhas poedeiras em todos os parâmetros de qualidade externa do ovo em todas as idades estudadas.

Resultados semelhantes foram relatados por Zeweil et al. (2011), que descobriram que o índice de forma do ovo não foi significativamente influenciado pelo efeito de interação entre proteína e metionina.

Os resultados obtidos nos estudos anteriores sugerem que a dieta contendo 14% de PC e 0,57% de TSAA pode ser usada sem causar uma diminuição no desempenho e na qualidade dos ovos. Abd El-Maksoud et al. (2011) revelaram que o valor mais elevado do índice de forma do ovo foi obtido por galinhas alimentadas com 12% de PC com suplementação de aminoácidos (80,24%), ao contrário, o índice de forma do ovo foi insignificantemente influenciado pelos níveis de metionina.

4.2.2. Qualidade interna dos ovos:

4.2.2.1. Efeito dos níveis de proteína.

A proteína da dieta teve um efeito significativo (p< 0,05 ou 0,01) na percentagem de albúmen e de gema em todas as idades estudadas, exceto na percentagem de gema às 22 semanas de idade. Os componentes do ovo que foram influenciados pela ingestão de proteína podem ser atribuídos ao baixo teor de proteína na dieta e podem ser induzidos a uma diminuição na síntese de albúmen. A ausência de resposta com a dieta pobre em proteínas pode ter sido uma indicação de que a galinha tinha atingido o seu peso corporal ótimo e estava a utilizar os aminoácidos e a energia anteriormente utilizados para o crescimento do corpo antes da síntese da proteína do ovo. Penz e Jensen (1991), e Keshavarz e Jakson (1992) relataram a diminuição da percentagem de albúmen e o aumento da percentagem de gema à medida que a proteína da dieta diminui de 16 para 13%, enquanto Butts e Cunninghman (1972) relataram diferenças entre poedeiras que consumiam 12 e 18% de proteína no albúmen. Abd El-Maksoud et al. (2011) sugeriram que a porcentagem de albúmen não diferiu significativamente ($p<0,05$) pelos níveis de proteína bruta em dietas de galinhas poedeiras.

Em contraste, Zanaty (2006) descobriu que as percentagens de gema e albúmen aumentaram significativamente com a diminuição do nível de proteína dietética na dieta.

A unidade Haugh e a percentagem de casca foram insignificantemente ($p< 0,05$ ou 0,01) afectadas pela ingestão de proteínas em todas as idades, exceto às 22 semanas de idade (Tabelas 14, 15, 16 e 17). As galinhas que consumiram a dieta de 16% de proteínas produziram ovos com mais qualidade de casca, unidade haugh e índice de forma do ovo do que as que consumiram a dieta de 18 ou 20% de proteínas.

Esses resultados estão de acordo com os de Gunawardana et al. (2009), que relataram que não houve resposta da unidade haugh à proteína da dieta em galinhas Hy-Line W-36 durante o segundo ciclo. Enquanto Novak et al. (2006) relataram que não houve diferença significativa ($p<0,05$ ou 0,01) no albúmen, na gema, na porcentagem de casca e na unidade Haugh ao aumentar ou diminuir o PC na dieta de poedeiras durante 20-43 semanas de idade.

Tabela 14. Qualidade interna dos ovos (x±SE) das galinhas poedeiras Lohmann afetada pelos níveis de proteína e de aminoácidos sulfurados totais e pela sua interação às 22 semanas de idade.

Variables	Levels	Internal egg quality						
		Albumin %	Yolk %	Shell %	Haugh unit	Yolk index	Y: A ratio	Shell thickness
Protein effect		*	NS	*	*	NS	NS	NS
	16	62.90±0.01^{b}	22.09±0.14	14.97±0.10^{a}	90.13±0.30^{a}	56.85±0.64	0.343±0.00	0.409±0.00
	18	64.91±0.76^{a}	21.22±0.15	13.78±0.16^{b}	90.80±0.33^{a}	55.72±0.43	0.326±0.00	0.393±0.00
	20	64.30±0.78^{a}	21.40±0.16	14.25±0.17^{a}	87.70±0.40^{b}	58.61±2.14	0.333±0.00	0.407±0.00
TSAA effect		NS	NS	NS	*	NS	NS	NS
	0.67	63.39±0.15	22.11±0.09	14.27±0.13	89.26±0.15^{ab}	57.35±0.59	0.348±0.00	0.406±0.00
	0.72	64.48±0.23	21.22±0.12	14.27±0.19	88.08±0.33^{b}	54.66±1.98	0.330±0.00	0.399±0.04
	0.77	64.24±0.26	21.39±0.20	14.46±0.14	91.29±0.48^{a}	59.18±0.74	0.325±0.00	0.411±0.00
Interaction effect		*	NS	NS	NS	NS	NS	**
16	0.67	63.30±0.01^{b}	22.06±0.17	14.59±0.17	90.53±0.14	55.73±1.94	0.348±0.00	0.442±0.05^{a}
	0.72	63.96±0.76^{b}	21.76±0.36	14.25±0.41	88.76±0.67	56.36±0.19	0.341±0.00	0.400±0.00^{c}
	0.77	61.43±0.78^{c}	22.46±0.79	16.08±0.14	91.03±1.65	58.47±2.83	0.341±0.01	0.386±0.02^{d}
18	0.67	63.04±0.56^{b}	22.31±0.09	14.02±0.60	91.00±0.61	57.03±0.80	0.351±0.01	0.368±0.00^{e}
	0.72	65.59±0.25^{ab}	20.43±0.28	13.95±0.54	89.09±0.23	50.67±2.08	0.311±0.01	0.424±0.01^{b}
	0.77	66.11±0.26^{a}	20.92±0.71	13.35±0.16	92.33±1.87	59.46±0.89	0.316±0.01	0.388±0.01^{d}
20	0.67	63.82±0.30^{b}	21.95±0.32	14.20±0.16	86.25±0.51	59.28±2.00	0.344±0.00	0.408±0.00^{c}
	0.72	63.88±0.55^{b}	21.47±0.17	14.60±0.66	86.39±1.83	56.95±9.51	0.337±0.00	0.354±0.00^{e}
	0.77	65.19±0.55^{ab}	20.80±0.07	13.96±0.60	90.46±1.27	59.62±2.00	0.318±0.00	0.460±0.00^{a}

As médias na mesma coluna dentro de cada classificação com letras diferentes são significativamente diferentes (P<0,01 e 0,05). * = significativo (p<0,05), ** = significativo (p<0,01) e NS = não significativo.

Tabela 15. Qualidade interna dos ovos (x±SE) das galinhas poedeiras Lohmann afetada pelos níveis de proteína e de aminoácidos sulfurados totais e pela sua interação às 26 semanas de idade.

variables	levels	Internal egg quality						
		Albumin %	Yolk %	Shell %	Haugh unit	Yolk index	Y: A ratio	Shell thickness
Protein effect		**	**	NS	NS	NS	**	*
	16	61.80±0.27^{b}	25.09±0.15^{a}	13.10±0.16	82.54±0.28	52.61±0.45	0.407±0.00^{a}	0.427±0.00^{ab}
	18	64.34±0.27^{a}	22.92±0.21^{b}	12.73±0.14	81.37±0.45	54.88±0.57	0.356±0.00^{b}	0.437±0.00^{a}
	20	63.55±0.14^{a}	23.72±0.15^{b}	12.71±0.10	79.08±0.61	53.00±0.53	0.374±0.00^{b}	0.407±0.00^{b}
TSAA effect		NS	NS	NS	**	NS	NS	NS
	0.67	62.75±0.17	24.19±0.20	13.04±0.29	77.41±0.41^{b}	52.38±0.58	0.386±0.00	0.420±0.00
	0.72	63.53±0.29	23.86±0.21	12.59±0.30	81.66±0.43^{a}	53.45±0.40	0.377±0.00	0.422±0.00
	0.77	63.41±0.27	23.67±0.16	12.91±0.10	83.93±0.48^{a}	54.65±0.53	0.374±0.00	0.429±0.00
Interaction effect		NS	NS	NS	NS	NS	NS	NS
16	0.67	61.99±0.48	24.80±.0.24	13.19±0.52	79.09±0.82	51.35±2.11	0.400±0.00	0.418±0.00
	0.72	61.24±0.28	25.90±0.19	12.84±0.23	79.87±1.23	52.26±0.96	0.424±0.00	0.428±0.01
	0.77	62.15±1.31	24.56±0.60	13.28±0.71	88.68±0.84	54.22±0.58	0.396±0.01	0.436±0.01
18	0.67	63.27±0.65	24.07±0.98	12.65±0.34	79.23±2.06	53.76±2.15	0.381±0.01	0.446±0.00
	0.72	65.33±1.23	22.38±0.66	12.27±0.61	81.43±1.25	52.50±0.03	0.342±0.18	0.446±0.01
	0.77	64.42±0.80	22.29±0.54	13.28±0.29	83.47±0.45	58.38±2.18	0.346±0.01	0.418±0.01
20	0.67	62.99±0.10	23.71±0.65	13.29±0.29	73.92±1.07	52.04±1.04	0.376±0.01	0.396±0.01
	0.72	64.02±0.53	23.30±0.31	12.67±0.30	83.68±1.36	55.60±0.20	0.366±0.07	0.392±0.01
	0.77	63.65±0.46	24.15±0.45	12.17±0.03	79.63±2.04	51.37±2.11	0.379±0.00	0.434±0.00

As médias na mesma coluna dentro de cada classificação com letras diferentes são significativamente diferentes ($P<0,01$ e 0,05). * = significativo ($p<0,05$), ** = significativo ($p<0,01$) e NS = não significativo.

Tabela 16. Qualidade interna dos ovos (x±SE) de galinhas poedeiras Lohmann afetada pelos níveis de proteína e de aminoácidos sulfurados totais e pela sua interação às 30 semanas de idade.

variables	levels	Internal egg quality						
		Albumin %	Yolk %	Shell %	Haugh unit	Yolk index	Y: A ratio	Shell thickness
Protein effect		**	**	NS	NS	NS	**	NS
	16	62.45±0.18^{b}	24.66±0.14^{a}	12.87±0.10	87.60±0.46	53.43±0.49	0.396±0.00^{a}	0.414±0.00
	18	64.55±0.26^{a}	23.29±0.22^{b}	12.16±0.17	84.69±0.53	52.46±0.49	0.360±0.00^{c}	0.401±0.00
	20	64.06±0.17^{a}	23.78±0.10^{b}	12.49±0.13	85.66±0.24	50.86±0.48	0.373±0.00^{b}	0.410±0.00
TSAA effect		NS	NS	NS	NS	NS	NS	NS
	0.67	63.93±0.23	23.91±0.18	12.50±0.13	87.25±0.44	51.46±0.58	0.376±0.00	0.401±0.00
	0.72	63.29±0.16	23.98±0.14	12.71±0.13	84.29±0.40	52.09±0.40	0.380±0.00	0.419±0.00
	0.77	63.84±0.22	23.84±0.15	12.31±0.14	86.41±0.40	53.29±0.48	0.373±0.00	0.405±0.00
Interaction effect		NS	NS	NS	NS	NS	NS	NS
	0.67	62.66±0.44	24.41±0.28	12.91±0.15	89.05±1.07	50.49±2.17	0.383±0.00	0.402±0.00
16	0.72	61.16±0.29	25.04±0.50	13.34±0.24	87.68±1.65	54.54±0.14	0.408±0.01	0.434±0.00
	0.77	63.08±0.27	24.54±0.12	12.37±0.22	86.07±1.47	55.26±1.61	0.389±0.01	0.406±0.00
	0.67	65.14±0.50	23.04±0.74	11.77±0.42	84.66±2.64	53.41±2.03	0.355±0.00	0.384±0.00
18	0.72	64.06±0.05	23.90±0.38	12.12±0.35	85.15±1.38	52.00±1.36	0.372±0.00	0.412±0.00
	0.77	64.45±0.55	22.94±0.21	12.59±0.69	84.25±0.98	51.99±1.55	0.356±0.00	0.406±0.00
	0.67	63.98±0.49	24.28±0.01	12.82±0.49	88.05±0.25	50.49±1.70	0.384±0.01	0.416±0.00
20	0.72	64.20±0.25	23.02±0.27	12.68±0.26	80.03±0.48	49.48±1.86	0.359±0.01	0.410±0.01
	0.77	63.99±0.41	24.05±0.10	11.97±0.41	88.92±0.06	52.61±1.38	0.375±0.01	0.404±0.01

As médias na mesma coluna dentro de cada classificação com letras diferentes são significativamente diferentes (P<0,01 e 0,05).

3* = significativo (p<0,05), ** = significativo (p<0,01) e NS = não significativo.

Tabela 17. Qualidade interna dos ovos (x±SE) das galinhas poedeiras Lohmann afetada pelos níveis de proteína e de aminoácidos sulfurados totais e pela sua interação às 34 semanas de idade.

Variables	levels	Internal egg quality						
		Albumin %	Yolk %	Shell %	Haugh unit	Yolk index	Y: A ratio	Shell thickness
Protein effect		NS	NS	NS	NS	*	NS	NS
	16	62.40±0.16	25.02±0.13	12.59±0.06	88.02±0.38	41.37±0.29[b]	0.402±0.03	0.407±0.00
	18	63.16±0.30	23.97±0.20	12.82±0.13	86.07±0.78	47.60±0.49[a]	0.383±0.00	0.399±0.00
	20	66.91±0.27	22.06±0.55	11.02±0.15	82.26±0.46	45.42±0.53[a]	0.332±0.00	0.413±0.00
TSAA effect		NS	NS	NS	NS	*	NS	NS
	0.67	63.22±0.23	24.36±0. 15	12.37±0.10	84.29±0.80	46.72±0.33[a]	0.388±0.00	0.389±0.00
	0.72	63.50±0.24	24.31±0. 19	12.20±0.13	87.92±0.36	41.75±0.62[b]	0.386±0.00	0.404±0.00
	0.77	65.74±0.30	22.38±0. 18	11.87±0.16	84.14±0.49	45.91±0.49[a]	0.344±0.00	0.425±0.00
Interaction effect		NS	NS	NS	NS	NS	NS	NS
16	0.67	62.25±0.23	25.36±0.15	12.38±0.09	86.88±0.77	47.57±1.25	0.409±0.00	0.388±0.00
	0.72	61.37±0.61	25.07±0.47	13.63±0.13	89.83±0.94	32.82±0.44	0.407±0.01	0.410±0.00
	0.77	63.58±0.46	24.63±0.53	11.78±0.14	87.34±1.79	43.71±0.62	0.390±0.01	0.422±0.00
18	0.67	62.66±0.60	23.99±0.45	13.24±0.38	85.76±4.23	47.20±1.36	0.388±0.01	0.368±0.00
	0.72	62.51±1.10	25.01±0.61	12.47±0.49	88.69±0.66	47.69±1.74	0.403±0.02	0.378±0.00
	0.77	64.30±1.25	22.92±0.86	12.76±0.42	83.76±0.18	47.91±1.95	0.358±0.02	0.452±0.00
20	0.67	64.76±0.93	23.73±0.07	11.50±0.21	80.22±2.01	45.39±0.47	0.376±0.01	0.412±0.00
	0.72	66.63±0.50	22.86±0.64	10.49±0.21	85.23±1.71	44.75±2.66	0.346±0.00	0.424±0.00
	0.77	69.34±1.21	19.57±0.37	11.07±0.84	81.33±0.07	46.12±1.60	0.283±0.00	0.402±0.00

As médias na mesma coluna dentro de cada classificação com letras diferentes são significativamente diferentes ($P<0,01$ e 0,05).

* = significativo (p<0,05), ** = significativo (p<0,01) e NS = não significativo.

Lesson e Caston (1996) registaram uma resposta semelhante para as unidades Haugh quando alimentaram com dietas pobres em proteínas. Pelo contrário, Hamilton (1978) não observou qualquer alteração nas unidades Haugh quando alimentou 4 linhagens diferentes de galinhas poedeiras com uma dieta pobre em proteínas. A partir desta informação, pode concluir-se que as galinhas que consomem dietas pobres em proteínas podem produzir um ovo com mais albúmen aderente à casca do que os outros tratamentos proteicos.

Houve um efeito significativo dos diferentes níveis de proteína na relação gema: albúmen em todas as idades testadas, exceto às 22 semanas de idade para as galinhas Brown Lohmann durante a primeira fase de produção.

O índice de gema e a espessura da casca não foram significativamente influenciados pelos vários níveis de proteína em todas as idades estudadas, em comparação com o índice de gema e a espessura da casca às 26 e 30 semanas de idade, respetivamente (Tabelas 14, 15, 16 e 17). Estes resultados são parcialmente comparáveis com os obtidos por Zeweil et al. (2011), que verificaram que a espessura da casca tinha aumentado significativamente com a diminuição dos níveis de proteína nas dietas para poedeiras Baheij. Por outro lado, o valor do índice de gema não foi significativamente afetado pelos níveis de proteína da dieta.

4.2.2.2. Efeito dos níveis de TSAA

Os resultados das Tabelas 14, 15, 16 e 17 mostraram que não houve efeito significativo das diferentes dietas proteicas em todos os critérios internos de qualidade dos ovos em todas as idades testadas, exceto no índice de haugh e de gema às 22 e 34 semanas de idade, respetivamente. Os resultados estão de acordo com os de Novak et al. (2004), que não registaram diferenças significativas na unidade de ovos quando se aumentou ou diminuiu o TSAA nas dietas para poedeiras.

Além disso, resultados semelhantes obtidos por Abd El-Maksoud et al. (2011) descobriram que o melhor (p <0,05) valor do índice de gema foi para a dieta de 14% CP suplementada com aminoácidos (44,15%). Além disso, as galinhas alimentadas com uma dieta com 12% de PC suplementada com aminoácidos registaram a unidade de gema mais elevada (p<0,05) (90,15). Wu et al. (2005[a]) afirmaram que a unidade Haugh diminuiu com o aumento dos níveis de TSAA, esta redução na unidade Haugh pode ser atribuída ao aumento do peso do ovo. No entanto, Koreleski e swiijtkiewicz (2011) indicaram que as caraterísticas da casca do ovo não foram alteradas quando o teor de metionina na dieta foi aumentado.

Hussein e Harms (1994) afirmaram que a Arbor Acres não apresentou diferenças significativas no rácio Y: A quando receberam qualquer uma das dietas deficientes em aminoácidos. Esta ausência de alterações na relação Y:A poderia ser esperada porque descobrimos recentemente que o teor de aminoácidos da gema ou do albúmen não se altera quando as galinhas ingerem uma dieta deficiente em aminoácidos. Além disso, outros autores, como Carey et al. (1991), verificaram que os níveis dietéticos de metionina não afectavam a percentagem de gema ou de albúmen no ovo.

4.2.2.3. Efeito de interação entre a proteína e a TSAA:

A interação entre os níveis de PC e TSAA sobre a qualidade interna dos ovos não foi significativa em todas as idades estudadas (Tabelas 14, 15, 16 e 17). Estes resultados concordam com os obtidos por Pavan et al. (2005) que não encontraram diferenças significativas na qualidade interna dos ovos com a interação entre proteína e TSAA em dietas para poedeiras. Além disso, Novak et al. (2006) relataram que não houve diferença significativa ($p<0,05$ ou 0,01) no albúmen, gema, porcentagem de casca e unidade Haugh devido ao efeito de interação entre PC e TSAA na dieta de poedeiras durante 20-43 semanas de idade.

4.3. Composição química do ovo inteiro:

4.3.1. Efeito dos níveis de proteína:

Os resultados da Tabela 18 não mostraram qualquer efeito significativo em todos os parâmetros de composição química do ovo inteiro devido aos diferentes níveis de proteína e TSSA. Gabriel e Babatunde (1976) referiram que as percentagens de humidade total e de proteína bruta aumentavam significativamente à medida que os níveis de proteína da dieta aumentavam (20%), mas as diferenças nas percentagens de cinzas totais, de casca e de lípidos totais não diferiam significativamente e eram notavelmente constantes no ovo de galinha branca.

4.3.2. Efeito dos níveis de TSAA:

Os critérios de composição química do ovo inteiro (humidade, sólidos do ovo, proteína do ovo, extrato etéreo, extrato isento de azoto, matéria orgânica e minerais totais) não foram influenciados pela ingestão de TSAA na dieta das galinhas Lohmann às 34 semanas de idade (Quadro 18).

4.3.3. Efeito de interação entre a proteína e a TSAA:

Tanto a humidade total como as percentagens de sólidos dos ovos foram significativamente ($p<0,01$) afectadas pela interação entre a proteína e a TSAA em galinhas Lohmann Brown, enquanto outros parâmetros não foram significativamente influenciados pelo efeito da interação. (Tabela 12). A dieta que continha 16% de PC com 0,72% de TSAA registou um valor preferível (27,59%) de sólidos de ovos. Por outro lado, a dieta que continha 18% de PC com o mesmo nível de TSAA registou o pior valor (23,63%) de sólidos de ovos.

Tabela 18. Composição química do ovo inteiro (x±SE) para galinhas poedeiras Lohman afetada pelos níveis de proteína, aminoácidos sulfurados totais e sua interação durante as 18-34 semanas de idade.

variables	levels	Moisture%	Egg solids %	Egg protein %	Ether extract %	Nitrogen free extract %	Organic matter %	Ash %
Protein effect		NS	NS	NS	NS	NS	NS	NS
	16	73.04±0.35	26.95±0.35	12.43±0.55	11.16±0.75	3.35±0.96	96.52±0.14	3.48±0.14
	18	74.30±0.35	25.69±0.35	13.47±0.55	11.04±0.75	1.17±0.96	96.37±0.14	3.62±0.14
	20	73.58±0.35	26.41±0.35	13.72±0.55	10.50±0.75	2.18±0.96	96.54±0.14	3.45±0.14
TSAA effect		NS	NS	NS	NS	NS	NS	NS
	0.67	73.30±0.35	26.69±0.35	13.01±0.55	11.96±0.75	1.74±0.96	96.27±0.14	3.72±0.14
	0.72	74.32±0.35	25.67±0.35	13.58±0.55	10.41±0.75	1.68±0.96	96.47±0.14	3.52±0.14
	0.77	73.30±0.35	26.69±0.35	13.04±0.55	10.36±0.75	3.28±0.96	96.69±0.14	3.30±0.14
Interaction effect		**	**	NS	NS	NS	NS	NS
	0.67	72.70±0.61^{c}	27.29±0.61^{a}	12.31±0.95	10.19±1.30	4.78±1.67	96.27±0.25	3.72±0.25
16	0.72	72.40±0.61^{c}	27.59±0.61^{a}	12.22±0.95	11.72±1.30	3.65±1.67	96.25±0.25	3.74±0.25
	0.77	74.02±0.61^{b}	25.97±0.61^{b}	12.75±0.95	11.58±1.30	1.69±1.67	97.03±0.25	2.96±0.25
	0.67	73.18±0.61^{bc}	26.82±0.61^{a}	14.56±0.95	13.08±1.30	0.10±1.67	96.14±0.25	3.85±0.25
18	0.72	76.36±0.61^{a}	23.63±0.61^{c}	12.99±0.95	10.22±1.30	0.42±1.67	96.58±0.25	3.41±0.25
	0.77	73.37±0.61^{bc}	26.62±0.61^{a}	12.87±0.95	9.84±1.30	3.91±1.67	96.40±0.25	3.59±0.25
	0.67	74.03±0.61^{b}	25.97±0.61^{b}	12.15±0.95	12.54±1.30	1.26±1.67	96.40±0.25	3.59±0.25
20	0.72	74.21±0.61^{b}	25.78±0.61^{b}	15.52±0.95	9.28±1.30	0.97±1.67	96.58±0.25	3.41±0.25
	0.77	72.52±0.61^{c}	27.78±0.61^{a}	13.49±0.95	9.68±1.30	4.30±1.67	96.64±0.25	3.35±0.25

As médias na mesma coluna dentro de cada classificação com letras diferentes são significativamente diferentes (P< 05 ou 0,01). ** = significativo (p<0,01) e NS = não significativo.

4.4. Composição química da albumina.

4.4. 1. Efeito do nível de proteína:

Os resultados da Tabela 19 mostram que os níveis de proteína da dieta não apresentaram diferenças significativas em todos os constituintes do albúmen estudados, exceto no que se refere às percentagens de matéria orgânica e de cinzas, que diferiram significativamente (p<0,01). Uma vez que os níveis elevados de proteína da dieta registaram os valores mais elevados para os parâmetros mencionados, em comparação com as dietas com níveis médios e baixos de proteína. Resultados contraditórios foram relatados por Novak et al. (2006), que descobriram que a proteína bruta da dieta tinha um efeito significativo (p< 0,05) sobre os sólidos de albumina, a albumina seca e a percentagem de proteína de albumina. Resultados semelhantes foram relatados por Brand et al. (2003) que não encontraram qualquer efeito significativo em todos os critérios de albumina (humidade, matéria seca, cinzas, proteína bruta e lípidos) devido ao efeito da proteína.

4.4.1. Efeito dos níveis de TSAA:

Os resultados obtidos no Quadro 19 revelaram que o teor de proteínas, hidratos de carbono solúveis, percentagem orgânica e de cinzas foram significativamente (p<0,05 ou 0,01) afectados pelos níveis testados de TSAA. Tendo em consideração os critérios supramencionados, pode concluir-se que o nível de 0,67% de TSAA seria adequado para galinhas Lohmann durante a primeira fase de produção (18 a 34 semanas de idade).

Os nossos resultados estão de acordo com os relatados por Shafer et al. (1998) que indicaram que a percentagem de proteína da albumina foi significativamente (p<0,05) influenciada pelos níveis de metionina na dieta das galinhas poedeiras. Uma vez que a quantidade de 507mg/h/d de metionina registou o melhor valor para a percentagem de proteína da albumina em comparação com outras dietas.

Contrariamente aos nossos resultados, Garcia et al. (2005)
sugeriram que os níveis de Met + Cys não tinham efeito na percentagem de proteína da albumina. A percentagem de albumina nos ovos de galinhas poedeiras comerciais não foi afetada por níveis de Met + Cys entre 0,52 e 0,8% (Scheideler e Elliot, 1998).

Estes resultados indicam que a taxa de suplementação de metionina pode ser um fator importante para elevar o teor de sólidos totais e PC dos ovos produzidos para o mercado de ovos. A funcionalidade, a composição química e os parâmetros de produção não foram afectados negativamente pelo nível de ingestão de metionina.

Os resultados desta experiência estão correlacionados com investigações anteriores de Carey et al. (1991) e Shafer et al. (1996), que sugerem que níveis mais elevados de suplementação de metionina podem influenciar o rendimento dos componentes dos ovos, os sólidos e o teor de proteína bruta sem afetar negativamente a produção, o peso ou a composição química dos ovos. A manipulação nutricional dos componentes dos ovos através de aminoácidos sintéticos e seus análogos pode gerar vantagens económicas e produtivas para a indústria de produção de ovos.

Tabela 19. Composição química do albúmen (x±SE) de galinhas poedeiras Lohmann afetada pelos níveis de proteína e de aminoácidos sulfurados totais e pela sua interação durante as 18 a 34 semanas de idade.

variables	levels	Moisture%	Albumin solids %	Dry albumin%	Albumin protein %	Yolk ether extract %	Nitrogen free extract %	Organic matter %	Inorganic matter %
protein effect		NS	NS	NS	NS	NS	NS	**	**
	16	87.18+0.39	12.81+0.39	7.89+0.29	10.94+0.43	0.42+0.04	1.44+0.27	97.12+0.07^{c}	2.87+0.07^{a}
	16	87.13+0.39	12.86+0.39	8.00+0.29	10.77+0.43	0.43+0.04	1.65+0.27	98.00+0.07^{a}	1.99+0.07^{c}
	20	87.86±0.39	12.13±0.39	7.48±0.29	10.21±0.43	0.39±0.04	1.52±0.27	97.76±0.07^{b}	2.24±0.07^{b}
TSAA effect		NS	NS	NS	**	NS	**	**	**
	0.67	87.14+0.39	12.85+0.39	7.92+0.29	11.61+0.43^{a}	0.41+0.04	0.83+0.27^{b}	97.59+0.07^{ab}	2.40+0.07^{ab}
	0.72	87.15+0.39	12.84+0.39	7.90+0.29	10.77+0.43^{ab}	0.43+0.04	1.63+0.27^{ab}	97.44+0.07^{b}	2.55+0.07^{a}
	0.77	87.89+0.39	12.10+0.39	7.54+0.29	9.54+0.43^{b}	0.40+0.04	2.15+0.27^{a}	97.85+0.07^{a}	2.15+0.07^{b}
Interaction effect		NS	NS	NS	NS	NS	**	**	**
	0.67	87.66±0.68	12.34±0.68	7.48±0.51	11.53±0.75	0.40±0.07	0.40±0.48^{b}	97.01±0.12^{ab}	2.98±.12^{a}
16	0.72	87.66±0.68	14.63±0.68	8.82±0.51	11.94±0.75	0.44±0.07	2.24±0.48^{a}	96.71±0.12^{b}	3.29±.12^{a}
	0.77	88.54+0.68	11.46+0.68	7.37+0.51	9.34+0.75	0.42+0.07	1.69+0.48^{ab}	97.65+0.12^{a}	2.34+.12^{bc}
	0.67	86.50+0.68	13.50+0.68	8.39+0.51	11.93+0.75	0.44+0.07	1.12+0.48^{ab}	98.24+0.12^{a}	1.75+.12^{d}
18	0.72	87.66±0.68	12.69±0.68	7.96±0.51	10.03±0.75	0.42±0.07	2.23±0.48^{a}	97.75±0.12^{ab}	2.25±.12^{bc}
	0.77	87.66±0.68	12.40±0.68	7.48±0.51	11.53±0.75	0.43±0.07	1.59±0.48^{ab}	98.02±0.12^{a}	1.98±.12^{cd}
	0.67	88.54±0.68	12.73±0.68	8.82±0.51	11.94±0.75	0.39±0.07	0.97±0.48^{b}	97.52±0.12^{ab}	2.47±.12^{b}
20	0.72	86.50+0.68	11.22+0.68	7.37+0.51	9.34+0.75	0.44+0.07	0.43+0.48^{b}	97.88+0.12^{a}	2.12+.12^{cd}
	0.77	87.31+0.68	12.45+0.68	8.39+0.51	11.93+0.75	0.36+0.07	3.16+0.48^{a}	97.87+0.12^{a}	2.12+.12^{cd}

As médias na mesma coluna dentro de cada classificação com letras diferentes são

significativamente diferentes ($P<0,01$ ou 0,05).
** = significativo ($p<0,01$) e NS = não significativo.

4.4.2. Efeito de interação entre a proteína e a TSAA:

Os resultados na Tabela 19 mostraram efeitos significativos ($p<0,05$ ou 0,01) da interação devido aos níveis de proteína e Met + Cys no extrato livre de azoto, matéria orgânica e inorgânica. Estes resultados são parcialmente comparáveis com os obtidos por Novak et al. (2006), que verificaram que a albumina seca, os sólidos de albumina e a percentagem de proteínas de albumina não foram significativamente influenciados pela interação entre a proteína e a dieta TSAA para galinhas Hy-Line w-98 durante o período das 20 às 43 semanas de idade.

Garcia et al. (2005) sugeriram que houve uma interação significativa entre os níveis de proteína e Met + Cys ($p< 0,01$) nos níveis de proteína da albumina. Também indicaram que os efeitos principais simples da interação entre proteína e Met + Cys mostram que, para as aves alimentadas com 18% de PC na dieta, e alimentadas com 0,7% de Met + Cys tinham maior proteína de albumina do que as alimentadas com 1,050% de Met + Cys.

4.5. Composição química da gema:

4.5.1. Efeito dos níveis de proteína:

Os dados apresentados no quadro 20 mostram que não houve efeitos significativos devido às diferentes dietas proteicas em todos os parâmetros de composição química da gema, exceto a humidade e a percentagem de sólidos da gema.

Tabela 20. Composição química da gema (x±SE) de galinhas poedeiras Lohman afetada pelos níveis de lisina e de aminoácidos sulfurados totais e pela sua interação durante as 18 a 34 semanas de idade.

Variables	levels	Moisture%	Yolk solids %	Dry yolk %	Yolk protein %	Yolk ether extract %	Nitrogen free extract %	Organic matter %	Ash %
Protein effect		*	*	NS	NS	NS	NS	NS	NS
	16	48.65+0.20^{b}	51.34+0.20^{a}	13.37+1.31	35.21+2.32	55.10+4.23	6.32+3.28	96.67+0.34	3.64+0.34
	18	49.06+0.20^{a}	50.93+0.20^{b}	15.18+1.31	38.43+2.32	51.88+4.23	6.22+3.28	96.52+0.34	3.47+0.34
	20	49.81+0.20^{a}	50.18+0.20^{b}	12.98+1.31	38.56+2.32	51.00+4.23	7.35+3.28	96.91+0.34	3.09+0.34
TSAA effect		NS	NS	NS	NS	NS	NS	NS	NS
	0.67	49.18±0.20	50.81±0.20	13.46±1.31	37.19±2.32	52.40±2.21	7.05±3.77	96.63±0.34	3.36±0.34
	0.72	49.04±0.20	50.95±0.20	13.15±1.31	35.63±2.32	49.47±2.21	11.02±3.77	96.11±0.34	3.88±0.34
	0.77	49.30+0.20	50.69+0.20	14.91+1.31	39.38+2.32	51.29+2.21	6.38+3.77	97.04+0.34	2.95+0.34
Interaction effect		**	**	NS	NS	NS	NS	NS	NS
	0.67	47.40+0.34^{c}	52.59+0.34^{a}	14.34+2.27	35.07+4.03	57.19+4.02	3.86+5.69	96.11+0.59	3.88+0.59
16	0.72	48.74±0.34^{b}	51.25±0.34^{a}	13.25±2.27	28.91±4.03	57.67±4.02	9.17±5.69	95.74±0.59	4.25±0.59
	0.77	49.83±0.34^{ab}	50.17±0.34^{ab}	12.51±2.27	41.66±4.03	50.71±4.02	5.85±5.69	97.21±0.59	2.78±0.59
	0.67	49.95±0.34^{ab}	50.04+0.34^{ab}	13.02+2.27	39.35+4.03	53.79+4.02	3.65+5.69	96.78+0.59	3.21+0.59
18	0.72	49.07+0.34^{ab}	50.90+0.34^{ab}	12.98+2.27	35.68+4.03	56.28+4.02	3.72+5.69	95.68+0.59	4.32+0.59
	0.77	48.16+0.34^{b}	51.83+0.34^{a}	19.54+2.27	40.27+4.03	49.24+4.02	7.62+5.69	97.12+0.59	2.87+0.59
	0.67	50.19±0.34^{a}	49.80±0.34^{b}	13.03±2.27	37.17±4.03	53.08±4.02	6.76±5.69	97.00±0.59	2.99±0.59
20	0.72	49.32±0.34^{ab}	50.67±0.34^{ab}	13.23±2.27	42.30±4.03	50.62±4.02	3.69±5.69	96.90±0.59	3.09±0.59
	0.77	49.93±0.34^{ab}	50.06±0.34^{ab}	12.67±2.27	36.22±4.03	52.61±4.02	5.96±5.69	96.79±0.59	3.20±0.59

As médias na mesma coluna dentro de cada classificação com letras diferentes são significativamente diferentes (P<0,01 ou 0,05). * = significativo (p<0,05), ** = significativo (p<0,01) e NS = não significativo.

As galinhas castanhas de Lohmann alimentadas com uma dieta que continha 16% de PC registaram os melhores valores de percentagem de sólidos da gema. À medida que o PC da dieta aumentou de 16 para 18 e 20%, a percentagem de sólidos da gema diminuiu linearmente de 51,34 para 50,93 e 50,18% e a percentagem de humidade aumentou de 48,65 para 49,06 e 49,81%. As outras composições químicas da gema (gema seca, proteína da gema, extrato etéreo da gema, extrato isento de azoto e percentagem de matéria inorgânica) não foram significativamente afectadas pelos níveis de proteína da dieta das galinhas

Lohmann. Os nossos resultados concordam parcialmente com os obtidos por Brand et al. (2003), que verificaram que diferentes níveis de proteína na dieta não afectaram todos os parâmetros de composição química da gema, incluindo as percentagens de humidade, matéria seca, cinzas, proteína bruta e lípidos. Além disso, Novak et al. (2006) sugeriram que a gema seca, os sólidos da gema e a proteína da gema não foram significativamente afectados por diferentes níveis de proteína na dieta das galinhas poedeiras.

Por outro lado, a percentagem de proteína e o extrato etéreo foram significativamente influenciados pelos níveis de proteína (p<0,01), sendo que as aves alimentadas com 18 ou 20% de PC apresentaram níveis mais elevados de proteína na gema em comparação com as aves alimentadas com 16% de PC na dieta (Garcia et al., 2005).

Estes resultados corroboram os resultados anteriores de Andersson (1979) e Akbar et al. (1983), que referiram que os teores de proteína da gema aumentavam com níveis mais elevados de proteína na dieta. Gardner e Young (1972) afirmaram que o aumento dos níveis de proteína de 12 para 18% PC diminuiu a percentagem de extrato etéreo no ovo de galinhas poedeiras no período inicial de postura. 4.5.2. Efeito dos níveis de TSAA:

Não se registaram efeitos significativos em todos os constituintes da composição química devido aos diferentes níveis de Met + Cys em

na dieta de galinhas Lohmann (Tabela 20). Estes resultados estão de acordo com os obtidos por Novak et al. (2006), que referiram que a suplementação de metionina não teve efeito sobre os componentes da gema, exceto a percentagem de proteína na gema em galinhas Hy- Line W98. Além disso, os resultados obtidos por Shafer et al. (1998) indicaram que a percentagem de proteína da gema aumentou significativamente com 556 e 507 mg/h/d de metionina em comparação com 413 mg/h/d de metionina.

Garcia et al. (2005) verificaram que uma maior percentagem de proteína na gema foi observada com 0,700% Met + Cys em comparação com 0,875% Met + Cys , também Shafer et al. (1996) relataram efeitos positivos do aumento dos níveis de aminoácidos sulfurados totais na percentagem de proteína na gema.

4.5.3. Efeito de interação entre a proteína e a TSAA:

Não foram observados efeitos significativos nos parâmetros de composição química da gema devido ao efeito de interação entre o nível de proteína e Met + Cys, exceto a percentagem de humidade e sólidos na gema (Quadro 20). Os mesmos resultados foram obtidos por Novak et al. (2006), que concluíram que a interação entre a proteína e o TSAA na dieta de galinhas poedeiras não teve efeito sobre os componentes da gema, ou seja, a gema seca, os sólidos da gema e a percentagem de proteína da gema.

Garcia et al. (2005) relataram que houve uma interação significativa entre os níveis de proteína e Met + Cys ($p < 0,01$) sobre os níveis de proteína da gema. Concluíram que os efeitos da interação entre a proteína e a Met+Cys mostram que as aves alimentadas com 20% de PC na dieta com 0,70% de Met+Cys apresentaram maior proteína da gema do que as alimentadas com 0,875 ou 1,050% de Met+Cys.

4.6. Componentes do sangue:

4.6.1. Efeito dos níveis de proteína:

Não se registaram efeitos significativos dos níveis de proteína da dieta sobre a globulina, a relação A/G, o ácido úrico e a creatina, enquanto a proteína total, o albúmen e a ureia das galinhas alimentadas com uma dieta rica e moderada em proteínas foram significativamente ($P<0,05$) superiores aos das galinhas alimentadas com uma dieta pobre em proteínas às 34 semanas. Além disso, a ALT e a AST foram significativamente ($P<0,05$) mais elevadas nas galinhas alimentadas com uma dieta pobre em proteínas do que nas galinhas alimentadas com uma dieta rica em proteínas (Quadro 21).

Estes resultados são comparáveis aos de Donsbough et al. (2010), que indicaram que o ácido úrico plasmático e a excreção de ácido úrico aumentavam à medida que aumentava a ingestão de N na dieta; no entanto, foram registados resultados inconsistentes ao utilizar o ácido úrico plasmático como variável de resposta para avaliar a utilização de aminoácidos. Os resultados obtidos por Zeweil et al. (2011) indicaram que a proteína total e a globulina aumentaram significativamente com o aumento dos níveis de proteína de 12 para 16% de PC em dietas para galinhas poedeiras Baheij. Contrariamente aos nossos resultados, Moustafa et al. (2005) referiram que a proteína bruta não teve um efeito significativo na proteína total do soro.

Tabela 21. Alguns parâmetros sanguíneos (x±SE) das galinhas poedeiras Lohmann afectados pelos níveis de proteína e de aminoácidos sulfurados totais e pela sua interação às 34 semanas de idade.

variables	levels	Total protein (g/dl)	Albumin (g/dl)	Globulin (g/dl)	A/G ratio	Urea (mg/dl)	Uric acid (mg/dl)	Creatine (mg/dl)	ALT (U/L)	AST (U/L)
Protein effect		*	*	NS	NS	**	NS	NS	*	*
	16	7.01±0.22^{b}	3.19±0.13^{ab}	3.81±0.26	0.91±0.09	34.83±4.04^{b}	4.60±0.32	0.47±0.07	54.78±2.35^{a}	265.36±0.55^{a}
	18	7.60±0.22^{a}	3.01±0.13^{b}	4.60±0.26	0.66±0.09	51.50±4.04^{a}	3.77±0.32	0.31±0.07	35.76±2.35^{b}	230.71±0.55^{c}
	20	7.96±0.22^{a}	3.43±0.13^{a}	4.52±0.26	0.79±0.09	38.60±4.04^{b}	4.14±0.32	0.45±0.07	30.46±2.35^{b}	245.10±0.55^{b}
TSAA effect		*	NS	*	NS	NS	NS	NS	*	*
	0.67	7.83±0.22^{a}	3.11±0.13	4.73±0.26^{a}	0.74±0.09	44.68±4.04	4.69±0.32	0.50±0.07	33.28±2.35^{b}	249.80±0.55^{a}
	0.72	6.97±0.22^{b}	3.11±0.13	3.85±0.26^{b}	0.82±0.09	36.35±4.04	4.07±0.32	0.33±0.07	43.71±2.35^{a}	255.65±0.55^{a}
	0.77	7.76±0.22^{a}	3.41±0.13	4.35±0.26^{ab}	0.80±0.09	43.91±4.04	3.77±0.32	0.40±0.07	44.02±2.35^{a}	235.73±0.55^{b}
Interaction effect		*	*	NS	NS	NS	NS	NS	*	**
	0.67	7.66±0.38^{ab}	3.60±0.23^{a}	4.06±0.46	1.10±0.16	38.63±7.00	5.07±0.56	0.81±0.12	43.00±4.08^{c}	282.00±0.95^{a}
16	0.72	6.73±0.38^{b}	2.89±0.23^{b}	3.84±0.46	0.74±0.16	36.34±7.00	4.84±0.56	0.21±0.12	66.23±4.08^{a}	273.45±0.95^{b}
	0.77	6.63±0.38^{b}	3.10±0.23^{a}	3.53±0.46	0.88±0.16	29.54±7.00	3.91±0.56	0.40±0.12	55.13±4.08^{b}	240.65±0.95^{c}
	0.67	7.03±0.38^{ab}	2.55±0.23^{b}	4.55±0.46	0.56±0.16	52.26±7.00	3.47±0.56	0.40±0.12	34.30±4.08^{d}	249.40±0.95^{d}
18	0.72	7.36±0.38^{ab}	3.20±0.23^{a}	4.16±0.46	0.77±0.16	40.90±7.00	3.45±0.56	0.25±0.12	34.00±4.08^{d}	233.55±0.95^{f}
	0.77	8.40±0.38^{a}	3.30±0.23^{a}	5.10±0.46	0.65±0.16	61.36±7.00	4.40±0.56	0.30±0.12	39.00±4.08^{cd}	209.20±0.95^{h}
	0.67	8.80±0.38^{a}	3.20±0.23^{a}	5.60±0.46	0.57±0.16	43.17±7.00	5.52±0.56	0.31±0.12	22.55±4.08^{c}	218.00±0.95^{g}
20	0.72	6.83±0.38^{b}	3.26±0.23^{a}	3.56±0.46	0.95±0.16	31.81±7.00	3.92±0.56	0.53±0.12	30.90±4.08^{d}	259.95±0.95^{c}
	0.77	8.26±0.38^{a}	3.85±0.23^{a}	4.41±0.46	0.87±0.16	40.83±7.00	2.99±0.56	0.50±0.12	37.95±4.08^{d}	257.35±0.95^{c}

As médias na mesma coluna dentro de cada classificação com letras diferentes são significativamente diferentes (P<0,01 ou 0,05). * = significativo (p<0,05), ** = significativo (p<0,01) e NS = não significativo.

4.6.2. Efeito dos níveis de TSAA:

A Tabela 21 indica que não houve diferenças significativas entre os vários níveis de TSAA em todos os parâmetros sanguíneos estudados, exceto ALT e AST, que aumentaram com o aumento de TSAA. Xie et al. (2004) referiram que tanto o aumento como a diminuição das concentrações de ácido úrico no plasma dependem do aumento ou da diminuição do nível de metionina na dieta.

Por outro lado, o ácido úrico plasmático e a excreção de ácido úrico devem ser variáveis de resposta viáveis para determinar as necessidades de aminoácidos dos frangos de carne ou a eficiência da utilização de aminoácidos (Donsbough et al., 2010). Os resultados obtidos por Zeweil et al. (2011) indicam que a proteína total e a globulina aumentaram significativamente com o aumento dos níveis de metionina de 1,673 para 2,754% da proteína bruta em dietas para galinhas poedeiras Baheij. Além disso, El- Ganzory et al. (2004) e Attia et al. (2005) descobriram que a suplementação de metionina aumentou a albumina sérica.

4.6.3. Efeito de interação entre a proteína e a TSAA:

Os dados apresentados na Tabela 21 mostram que o efeito da interação entre o PC e a TSAA sobre as proteínas totais, a albumina e as enzimas hepáticas (AST e ALT) foi significativo, mas não há diferenças quanto a este efeito sobre outros parâmetros sanguíneos. As proteínas totais e a albumina plasmáticas mais elevadas (8,80 e 3,85 g/dl, respetivamente) foram registadas nas poedeiras alimentadas com a dieta com o nível mais elevado de PC (20%), com 0,67 e 0,77% de Met, respetivamente.

Por outro lado, as proteínas totais e o albúmen plasmáticos mais baixos (6,63 e 2,55 g/dl, respetivamente) foram registados nas poedeiras alimentadas com a dieta com o nível mais baixo de PC (16 e 18%), com 0,77 e 0,67% de TSAA, respetivamente. Estes resultados concordam parcialmente com os obtidos por Zeweil et al. (2011), que verificaram que a interação entre a proteína

Os níveis de proteína bruta e metionina revelaram que todos os parâmetros bioquímicos foram significativamente afectados, e as proteínas totais e globulinas plasmáticas mais elevadas (7,93 e 6,14 g/dl, respetivamente) foram registadas nas poedeiras alimentadas com a dieta com o nível mais elevado de proteína bruta (16%) e 2,327 Met % de PC. Por outro lado, os valores mais baixos de proteína total e globulina foram registados nas poedeiras alimentadas com uma dieta com as mesmas percentagens de PC e metionina acima mencionadas. Os mesmos resultados foram registados por Bunchasak et al. (2005) e Attia et al. (2005) para as proteínas totais e a globulina no soro. Nas espécies aviárias, as proteínas totais plasmáticas são constituídas por albumina e globulina e estes parâmetros são normalmente utilizados em estudos nutricionais. Uma vez que as quantidades de aminoácidos essenciais e o consumo de proteínas do grupo com 18% de PC foram superiores às necessidades das galinhas poedeiras castanhas (110 g/d de consumo de ração) recomendadas pelo NRC (1994). Assim, os resultados de proteínas séricas elevadas deste grupo não são surpreendentes.

4.7. Digestibilidade das dietas experimentais:

4.7.1. Efeito dos níveis de proteína:

A digestibilidade aparente da matéria seca (DM), da matéria orgânica (OM) e do extrato etéreo (EE) melhorou significativamente (p<0,01) com a diminuição dos níveis de proteína (Quadro 22). Enquanto a digestibilidade da proteína bruta (PC) e da fibra bruta (CF) foram insignificantemente afectadas pelos diferentes níveis de proteína. É evidente que os coeficientes de digestão da MS, OM e EE com o nível mais baixo de proteína da dieta (16%) foram melhores do que os dos outros níveis de proteína da dieta. Estes resultados estão parcialmente de acordo com os obtidos por El-Husseiny et al. (2005), que concluíram que a EED e a CFD não foram significativamente afectadas pelos diferentes níveis de proteína. Contrariamente aos nossos resultados,

Yakout (2000) concluiu que o aumento do nível de proteínas melhorava significativamente a digestibilidade das proteínas. Além disso, Zeweil et al. (2011) relataram que a ADMD e a CPD aumentaram significativamente com a diminuição dos níveis de proteína

4.7.2. Efeito dos níveis de TSAA:

Os resultados indicaram que a digestibilidade (DM), (OM) e (CP) diminuíram significativamente (p<0,05 ou 0,01) com o aumento do nível de aminoácidos sulfurados totais (Tabela 22). A digestibilidade do extrato etéreo e da fibra bruta não foi significativamente afetada pelos diferentes níveis de TSAA. É evidente que os coeficientes de digestão de MS, MO e PC com o nível mais baixo de TSAA (0,67%) foram melhores do que os dos outros níveis de TSAA na dieta.

O mesmo resultado foi observado por Zeweil et al. (2011) que concluíram que os diferentes níveis de metionina afectam de forma insignificante a digestibilidade do extrato etéreo e da fibra bruta. Ao contrário, Abd-El Samee et al. (2007) indicaram que o aumento do nível de metionina na dieta aumentou significativamente a digestibilidade do extrato etéreo.

Naulia e Singh (2002) referiram que a digestibilidade da camada de matéria orgânica seca e da proteína bruta era significativamente mais elevada nos animais alimentados com níveis elevados de metionina do que com níveis baixos e médios de metionina.

Tabela 22. Parâmetros dos coeficientes de digestão (x±SE), consumo de azoto (g), azoto excretado (g) e retenção de azoto para galinhas poedeiras Lohmann, afectados pelos níveis de proteína, aminoácidos sulfurados totais e respectiva interação às 34 semanas de idade.

Variables	levels	Apparent dry matter digestibility %	Organic matter digestibility%	Crude protein digestibility%	Ether extract digestibility%	Crude fiber digestibility %	Nitrogen consumption (g/d)	Nitrogen excreted (g/d)	N faecal: N intake (%)	Change of nitrogen excreted %
Protein effect		*	*	NS	*	NS	**	**		
	16	80.93±0.17^{a}	84.35±0.05^{a}	87.77±0.47	82.29±0.45^{a}	20.11±0.11	2.98±0.01^{c}	1.349±0.01^{b}	45.26	-29.06
	18	79.09±0.22^{b}	83.35±0.23^{ab}	86.94±0.30	82.05±0.85^{a}	20.33±1.55	3.72±0.03^{b}	1.492±0.01^{a}	40.10	100.00
	20	79.56±.003^{ab}	82.82±0.07^{b}	87.93±0.24	75.85±0.82^{b}	21.28±0.48	4.16±0.04^{a}	1.482±0.01^{a}	35.625	-2.03
TSAA effect		*	**	*	NS	NS	*	**		
	0.67	80.99±0.15^{a}	84.90±0.15^{a}	90.00±0.32^{a}	80.85±0.42	20.37±0.69	3.56±0.08^{ab}	1.349±0.00^{c}	37.89	-33.77
	0.72	79.28±0.15^{b}	82.97±0.13^{b}	85.78±0.43^{b}	78.96±0.78	20.80±0.69	3.98±0.07^{a}	1.527±0.00^{a}	38.36	100.00
	0.77	79.31±0.23^{b}	82.64±0.17^{b}	86.87±0.50^{b}	80.38±0.25	20.50±0.27	3.33±0.10^{b}	1.447±0.01^{b}	43.45	-15.18
Interaction effect		NS	NS	**	NS	NS	NS	*		
	0.67	82.12±0.25	84.76±1.78	88.64±0.60^{b}	81.37±0.05	20.61±1.97	3.16±1.44	1.333±0.23^{d}	42.18	-52.22
16	0.72	80.15±0.25	8422.±0.09	84.22±0.27^{c}	85.47±1.96	19.94±0.14	2.98±0.17	1.450±0.00^{bc}	48.65	-35.43
	0.77	51.80±0.50	84.05±0.47	90.59±0.47^{ab}	80.04±0.71	19.79±0.48	2.80±0.03	1.263±0.01^{d}	45.10	-62.26
	0.67	80.56±0.49	85.82±0.27	93.86±1.23^{a}	84.95±1.49	20.38±0.32	3.60±0.10	1.230±0.03^{d}	34.16	-67.00
18	0.72	77.39±0.31	81.89±0.36	81.89±0.96^{d}	76.25±2.57	20.29±1.46	3.94±0.24	1.679±0.02^{a}	42.61	100.00
	0.77	79.33±0.79	82.35±0.50	84.83±1.44^{c}	84.95±0.72	20.33±0.20	3.63±0.18	1.550±0.03^{b}	42.69	-21.09
	0.67	80.30±0.71	84.13±0.77	87.50±2.02^{b}	76.25±2.35	20.12±2.43	3.91±0.16	1.483±0.07^{bc}	37.92	-30.70
20	0.72	80.29±0.65	82.81±0.48	82.81±1.05^{d}	75.17±1.08	22.18±5.09	5.02±0.27	1.435±0.03^{c}	28.58	-37.58
	0.77	78.09±0.14	81.51±0.01	85.20±0.47^{c}	76.15±0.57	21.54±1.54	3.56±0.18	1.527±0.00^{b}	42.89	-24.39

As médias na mesma coluna dentro de cada classificação com letras diferentes são significativamente diferentes (P<0,01 ou 0,05). * = significativo (p<0,05), ** = significativo (p<0,01) e NS = não significativo.

4.7.3. Efeito de interação entre a proteína e a TSAA:

Os dados apresentados na Tabela 22 indicam que a digestibilidade da PB foi significativamente ($p<0,01$) afetada pelo efeito de interação entre a proteína e o TSAA. Por outro lado, a digestibilidade da MS, OM, EE e CF não foi significativamente afetada pelo efeito de interação entre a proteína e o TSAA em dietas para galinhas poedeiras. Os resultados indicaram que os valores mais elevados de digestibilidade dos nutrientes foram observados para as galinhas alimentadas com o PC médio (18%) com o nível mais baixo de 0,67% de TSAA. Estes resultados comparáveis concordam com os obtidos por Zeweil et al., (2011) que descobriram que a EED e a CFD foram insignificantemente afectadas pelos níveis de efeito de interação entre a proteína e a metionina.

4.8. Poluição por nitrogénio:

4.8.1. Efeito dos níveis de proteína:

As diferentes proteínas brutas na dieta das galinhas Lohmann Brown afectaram significativamente ($p<0,01$) a quantidade total de azoto consumido e o azoto evitado nas suas excreções (Quadro 22). O aumento da proteína bruta de 16 ou 18% para 20% nas galinhas Lohmann levou a um aumento significativo ($p<0,01$) do azoto excretado de 0,349 ou 0,492 para 0,482g/d, respetivamente, e aumentou o azoto consumido de 2,98 ou 3,72 para 4,16g/d. Isto significa que a redução do azoto excretado foi de 13 e 29,06%, respetivamente. Estes resultados coincidem com os de Zeweil et al. (2011), que concluíram que a alteração da proteína na dieta de Baheij afectava significativamente o consumo de azoto e o azoto excretado, sendo que a dieta com baixo nível de proteína diminuía tanto o consumo de azoto como o azoto excretado em comparação com a dieta com níveis elevados de proteína. Os mesmos resultados foram relatados por Bouyeh e Gevorgian (2011), que demonstraram que a redução dos níveis de proteína na dieta das galinhas poedeiras pós-pico reduziu alguns problemas relacionados com o excesso de azoto nas dietas das aves de capoeira. As reduções do azoto excretado desempenham um papel importante na redução do nível de emissões de amoníaco dos excrementos das galinhas poedeiras nos aviários e na redução do ácido úrico na cama, que causa muitas doenças respiratórias. Além disso, estas reduções reflectem-se na redução da poluição ambiental por azoto.

Considerando o rácio de azoto fecal: ingestão, verificou-se uma melhor utilização em (16%) em comparação com (18%) de nível de proteína bruta. Os nossos resultados são comparáveis com os relatados por Summers (1993) e Meluzzi et al. (2001) para a utilização do azoto. No caso da relação N fecal: ingestão, registou-se uma utilização preferível com o nível moderado de PC (150g/ kg) versus (170g /kg) PC.

4.8.2. Efeito dos níveis de TSAA:

Os resultados na Tabela 22 mostraram que o TSAA afectou significativamente ($p< 0,05$ ou 0,01) o consumo de azoto e o azoto excretado, sendo que 0,72% de TSAA registou os valores mais elevados para a quantidade total de azoto consumido, 3,98 g/d, e o azoto removido na excreta, 0,527 g/d, em comparação com os outros níveis. Isto significa que a redução do azoto excretado foi de 15,18% na dieta com 0,77% de TSAA e de 33,77% na dieta com 0,67% de TSAA em comparação com 0,72% de TSAA na dieta. A utilização do azoto foi melhorada com a diminuição dos níveis de TSAA de 0,77 para 0,72 e para 0,67%, enquanto o maior valor (13,42%) de N fecal: ingestão resulta da utilização de 0,77% de TSAA. Estes resultados concordam com os obtidos por Goldstein e Skadhauge (2000) que afirmaram que os aminoácidos em excesso são convertidos em ácido úrico e excretados. Além disso, Koreleski e Swiatkiewicz, (2011) e Zeweil et al. (2011) concluíram que a suplementação de metionina da dieta biológica reduziu numericamente o teor de N nas excreções e a excreção diária de N.

4.8.3. Efeito de interação entre a proteína e a TSAA:

A interação devido à proteína e ao TSAA sobre o azoto excretado foi significativa ($P<0,01$) para as galinhas poedeiras (Quadro 22). Por outro lado, não houve efeitos significativos no consumo de azoto por efeito de interação. Os resultados indicaram que as poedeiras alimentadas com níveis médios de PC (18%) com TSAA (0,72%) registaram o valor mais elevado de azoto excretado, (0,697g/d) em comparação com as poedeiras alimentadas com níveis baixos de PC (16%) com TSAA (0,77%) que atingiram o valor mais baixo (0,263g\ d). Estes resultados coincidiram com Bouyeh e Gevorgian (2011) e Zeweil et al. (2011) que relataram que a diminuição da proteína dietética e a adição de TSAA à dieta de galinhas poedeiras reduzem a quantidade de azoto nas excreções e reduzem alguns problemas relacionados com o excesso de azoto na dieta das aves.

4.9. Avaliação económica (EE):

4.9.1. Efeito dos níveis de proteína:

Os dados apresentados nas Tabelas 23, 24 e 25 mostram que, de acordo com a análise de avaliação económica, é evidente que a dieta contendo 16% de PC deu os melhores valores de eficiência económica (5,02) em comparação com outras dietas durante 18-22 semanas de idade.

A melhoria dos critérios de avaliação económica pode dever-se ao aumento da produção de ovos e do peso dos ovos neste período, e pode ser atribuída ao facto de 16% de PC ser adequado para maximizar a receita líquida e os critérios de avaliação económica em resultado da diminuição do consumo de ração no primeiro período de produção. Posteriormente, os valores de avaliação económica melhoraram com 18 e 20% de PB em comparação com 16% de PB com o aumento da idade (das 22 às 34 semanas de idade).

Entre as 22 e as 30 semanas de idade, verificou-se um reflexo dos resultados anteriores, sendo que os níveis de 18% de PB registaram os valores mais elevados para a viabilidade económica e eficiência económica relativa.

Enquanto que, entre as 30 e as 34 semanas de idade, a dieta com 20% de PB obteve o melhor valor de viabilidade económica. Isto pode dever-se ao aumento do consumo de ração e da massa de ovos durante este período, estando estes resultados relacionados com o aumento das necessidades da poedeira Lohmann em termos de proteínas na dieta para manter e enriquecer a produção de ovos (Tabelas 23, 24 e 25).

A diminuição da percentagem de PC na dieta das poedeiras reduziu o preço do kg de dieta, maximizando assim a rentabilidade do retorno líquido e a eficiência económica relativa durante a fase inicial da produção. No entanto, durante todo o período experimental, a dieta das galinhas Lohmann com 18% de PC obteve o valor de avaliação económica mais elevado. Os mesmos resultados foram observados por muitos investigadores (Leeson et al. 2001). Estes resultados discordam de Abd El-Maksoud et al. (2011), que mostraram que os melhores valores para a eficiência económica e a eficiência económica relativa foram registados por galinhas alimentadas com uma dieta com 16% de PC versus 12 e 14% de PC, enquanto Zeweil et al. (2011) relataram que a dieta com 12% de PC provou ser a dieta com maior eficiência económica relativa em comparação com as outras dietas com 14 e 16% de PC.

Quadro 23. Avaliação económica para galinhas poedeiras Lohmann afetada pelos níveis de proteína, aminoácidos sulfurados totais e a sua interação durante as 18-22 e 22-26 semanas de idade.

variables	levels	Total feed intake (kg)	Cost of kg feed (LE)	Total feed cost (LE)	Total egg mass (kg)	Egg market price (LE)	Net return (LE)	Economical efficiency (%)	Total feed intake (kg)	Cost of kg feed (LE)	Total feed cost (LE)	Total egg mass (kg)	Egg market price (LE)	return Net (LE)	Economical efficiency (%)
		From 26-30 wk							From 30- 34 wk						
Protein effect															
	16	2.878	2.404	6.918	1.412	14.128	7.21	104.220	2.825	2.404	6.791	1.338	13.380	6.589	97.025
	18	2.869	2.481	7.11	1.636	16.367	9.257	130.196	2.898	2.481	7.189	1.505	15.054	7.865	109.403
	20	3.125	2.619	8.184	1.658	16.581	8.397	102.60	2.993	2.619	7.838	1.658	16.581	8.743	111.546
TSAA effect															
	0.67	2.905	2.485	7.218	1.583	15.836	8.618	119.39	2.941	2.485	7.308	1.473	14.733	7.425	101.600
	0.72	2.997	2.501	7.495	1.584	15.845	8.350	111.407	2.892	2.501	7.232	1.557	15.571	8.339	115.306
	0.77	2.969	2.517	7.472	1.539	15.394	7.922	106.02	2.884	2.517	7.259	1.465	14.650	7.391	101.818
Interaction effect															
	0.67	2.756	2.389	6.584	1.386	13.869	7.285	110.647	2.849	2.389	6.806	1.320	13.200	6.394	93.946
16	0.72	3.020	2.404	7.260	1.549	15.495	8.235	113.42	2.983	2.404	7.171	1.476	14.763	7.592	105.870
	0.77	2.857	2.419	6.911	1.301	13.018	6.107	88.336	2.643	2.419	6.393	1.217	12.179	5.786	90.505
	0.67	2.732	2.465	6.734	1.677	16.774	10.04	149.094	2.805	2.465	6.914	1.430	14.301	7.387	106.841
18	0.72	2.865	2.480	7.105	1.620	16.202	9.097	128.036	2.882	2.480	7.147	1.508	15.088	7.941	111.109
	0.77	3.009	2.498	7.516	1.612	16.125	8.609	114.542	3.01	2.498	7.518	1.577	15.775	8.257	109.829
	0.67	3.227	2.602	8.396	1.701	17.012	8.616	102.620	3.168	2.602	8.243	1.670	16.70	8.457	102.596
20	0.72	3.106	2.620	8.137	1.737	17.377	9.24	113.555	2.812	2.620	7.367	1.686	16.862	9.495	128.885
	0.77	3.042	2.635	8.015	1.703	17.039	9.024	112.588	3.00	2.635	7.899	1.599	15.995	8.096	102.493

Tabela 24. Avaliação económica para galinhas poedeiras Lohmann afetada pelos níveis de proteína, aminoácidos sulfurados totais e a sua interação durante as 26-30 e 30-34 semanas de idade.

variables	levels	Total feed intake (kg)	Cost of kg feed (LE)	Total feed cost (LE)	Total egg mass (kg)	Egg market price (LE)	Net return (LE)	Economic efficiency (%)	Total feed intake (kg)	Cost of kg feed (LE)	Total feed cost (LE)	Total egg mass (kg)	Egg market price (LE)	return Net (LE)	Economical efficiency (%)
		From 18-22 wk							From 22-26 wk						
Protein effect															
	16	2.64	2.40	6.35	0.667	6.64	0.319	5.02	3.02	2.40	7.26	1.40	14.06	6.79	93.42
	18	2.68	2.48	6.66	0.675	6.75	0.09	1.35	3.06	2.48	7.60	1.59	15.98	8.38	110.23
	20	2.45	2.61	6.42	0.647	6.47	0.049	0.763	3.08	2.61	8.07	1.54	15.48	7.41	91.81
TSAA effect															
	0.67	2.64	2.48	6.57	0.649	6.49	0.07	-1.06	3.14	2.48	7.82	1.48	14.83	7.00	89.52
	0.72	2.60	2.50	6.52	0.751	7.51	0.99	15.17	3.01	2.50	7.54	1.56	15368	8.14	107.91
	0.77	2.52	2.51	6.36	0.588	5.88	-0.47	-7.38	3.02	2.51	7.61	1.50	15.02	7.41	97.36
Interaction effect															
	0.67	2.77	2.38	6.63	0.652	6.52	-0.108	-1.62	3.19	2.38	7.63	1.37	13.70	6.06	79.42
16	0.72	2.62	2.40	6.27	0.758	7.58	1.312	20.91	2.90	2.40	6.97	1.49	14.95	7.98	114.53
	0.77	2.53	2.41	6.14	0.590	5.90	-0.232	-3.77	3.02	2.41	7.32	1.35	13.52	6.20	84.68
	0.67	2.61	2.46	6.44	0.676	6.76	0.319	4.95	3.14	2.46	7.74	1.62	16.30	8.55	110.39
18	0.72	2.73	2.48	6.76	0.714	7.14	0.382	5.64	3.02	2.48	7.49	1.60	16.01	8.51	113.63
	0.77	2.72	2.49	6.79	0.636	6.36	-0.436	-6.41	3.02	2.49	7.56	1.54	15.64	8.07	106.76
	0.67	2.54	2.60	6.62	0.620	6.20	-0.426	-6.42	3.10	2.60	8.08	1.44	14.49	6.40	79.24
20	72.0	2.48	2.62	6.51	0.780	7.80	1.293	19.84	3.12	2.62	8.19	1.60	16.07	7.88	96.21
	0.77	2.32	2.63	6.11	0.539	5.39	-0.721	-11.78	3.01	2.63	7.94	1.58	15.89	7.94	100.05

Quadro 25. Avaliação económica para galinhas poedeiras Lohmann afetada pelos níveis de proteína, aminoácidos sulfurados totais e sua interação durante todo o período de 18-34 semanas de idade.

Variables	levels	Total feed intake (kg)	Cost of kg feed (LE)	Total feed cost (LE)	Total egg mass (kg)	Egg market price (LE)	Net return (LE)	Economical efficiency (%)
Protein effect								
	16	11.280	2.404	27.11	4.824	48.28	21.13	77.94
	18	11.485	2.481	28.49	5.418	54.18	25.69	90.17
	20	11.452	2.619	29.99	5.556	55.56	25.57	85.26
TSAA effect								
	0.67	11.640	2.485	28.92	5.194	51.94	23.02	79.59
	0.72	11.350	2.501	28.38	5.507	55.07	26.69	94.04
	0.77	11.220	2.517	28.24	5.097	50.97	22.73	80.48
Interaction effect								
	0.67	11.730	2.389	28.02	4.729	47.29	19.27	68.77
16	0.72	11.500	2.404	27.646	5.280	52.80	25.16	91.02
	0.77	10.610	2.419	25.66	4.463	44.63	18.98	74.28
	0.67	11.280	2.465	27.80	5.413	54.13	26.33	94.71
18	0.72	11.430	2.480	28.34	5.445	54.45	26.11	92.13
	0.77	11.730	2.498	29.30	5.396	53.96	24.66	84.16
	0.67	11.910	2.602	30.98	5.440	54.40	23.42	75.59
20	0.72	11.120	2.620	29.13	5.795	57.95	28.82	98.93
	0.77	11.310	2.635	29.80	5.432	54.32	24.52	82.28

4.9.2. Efeito dos níveis de TSAA:

A viabilidade económica foi afetada com diferentes níveis de TSAA, enquanto que 0,72% de TSAA registou o valor mais elevado de EE em todos os períodos experimentais, exceto às 26-30 semanas de idade, onde 0,67% de TSAA registou o valor mais elevado (Tabelas 23, 24 e 25), estes resultados são comparáveis com as exigências das galinhas poedeiras no NRC (1994). Estes resultados coincidem com os encontrados por Abd El-Maksoud et al. (2011) e Zeweil et al. (2011) que afirmaram que o valor mais alto de eficiência económica e eficiência económica relativa foi registado para galinhas alimentadas com dieta suplementada com metionina.

4.9.3. Efeito de interação entre a proteína e a TSAA:

Os resultados obtidos neste estudo revelaram que a avaliação económica indicou que a melhor eficiência económica foi registada pelas galinhas poedeiras alimentadas com 16% de PC com 0,72% de TSAA durante as 18 - 22 e 22 - 26 semanas de idade. Além disso, as dietas contendo 18 e 20% de PB com 0,67 e 0,72% de TSAA, respetivamente, alcançaram os valores preferenciais de eficiência económica da idade (Tabelas 23, 24 e 25).

Os resultados da avaliação económica obtidos neste estudo discordam dos relatados por Abd El-Maksoud et al. (2011), que descobriram que a melhor eficiência económica e eficiência económica relativa foram registadas para galinhas alimentadas com uma dieta de 14% de PC suplementada com metionina (0,81 e 117,39%, respetivamente). Além disso, Zeweil et al. (2011) mostraram que 12% de PC com 2,754 % de metionina do PC registou os melhores valores de avaliação económica durante todo o período.

Em conclusão: Do ponto de vista nutricional e económico, pode concluir-se que a utilização de 16% de PC foi suficiente para obter o melhor desempenho produtivo e a melhor eficiência económica das galinhas Brown Lohmann durante a fase inicial de produção (18-26 semanas de idade).

Por outro lado, as galinhas Lohmann Brown durante o pico de produção precisam de aumentar os níveis de PC nas dietas para 18% para satisfazer as necessidades nutricionais. Além disso, os melhores critérios de produção podem ser obtidos com a utilização de 0,72% de TSAA. Tendo em conta a interação entre o PC e o TSAA, recomenda-se um nível de 20% de PC na dieta com 0,72% de TSAA para alimentar as galinhas Lohmann durante todo o período experimental (18-34 semanas de idade), mas, do ponto de vista ecológico e sanitário, a redução das proteínas nas dietas das poedeiras (16%) com a suplementação de aminoácidos essenciais (metionina + cistina) poderia desempenhar um papel significativo na redução da poluição por azoto proveniente do estrume das aves de capoeira. Por conseguinte, a redução da ingestão de proteínas na dieta é a estratégia perfeita para diminuir a emissão de amoníaco dos excrementos das galinhas poedeiras e melhorar as condições ambientais em torno das aves.

CAPÍTULO 5

5. RESUMO E CONCLUSÃO

O presente estudo foi realizado na quinta de investigação avícola, Departamento de Avicultura, Faculdade de Agricultura, Universidade de Zagazig, Zagazig, Egito, durante o período de fevereiro a junho de 2011. Desenho experimental:

Um número total de 180 galinhas castanhas de Lohmann com 18 semanas de idade foram divididas aleatoriamente em 9 grupos de tratamento de 20 galinhas (5 réplicas/tratamento e 4 galinhas/replicas). As galinhas de todos os grupos experimentais tinham praticamente o mesmo peso médio inicial.

Foi realizada uma experiência com um desenho fatorial 3×3 para estudar o efeito de três níveis de PC (16, 18 e 20%) e três níveis de aminoácidos sulfurados totais (0,67, 0,72 e 0,77%) sobre o desempenho produtivo, os constituintes sanguíneos e a poluição ambiental por azoto de galinhas poedeiras Lohmann Brown com 18-34 semanas de idade. Os resultados obtidos podem ser resumidos da seguinte forma:

1. O peso corporal final e a alteração do peso corporal foram significativamente (P<0,05) afectados devido aos diferentes níveis de proteína na dieta das galinhas poedeiras. As galinhas alimentadas com a proteína bruta mais elevada (20%) obtiveram um peso corporal final mais pesado (1860,33 g/galinha) em comparação com as galinhas alimentadas com outros níveis de PC.
2. Não se registaram efeitos significativos dos níveis de TSAA na dieta no peso corporal final e na alteração do peso corporal às 34 semanas de idade.
3. O consumo diário de ração das galinhas poedeiras alimentadas com uma dieta de 20% de proteína bruta aumentou significativamente (p<0,05 ou 0,01) em comparação com o consumo diário de ração das galinhas alimentadas com uma dieta de 16 e 18% de proteína bruta.
4. Não se registou qualquer efeito significativo entre os níveis de proteína da dieta e de TSAA no consumo diário de ração durante todos os períodos experimentais.
5. A proteína da dieta teve um efeito positivo significativo na eficiência alimentar, o rácio de eficiência alimentar foi significativo (p<0,05 ou 0,01) e melhorou gradualmente com o aumento do PC da dieta de 16 para 18 e 20% durante todos os períodos experimentais estudados, exceto no período de 18 a 22 semanas de idade.
6. O efeito de interação na eficiência alimentar devido aos níveis de proteína e TSAA foi significativo (p<0,01) apenas durante as 26-30 semanas de idade.
7. A utilização de proteínas melhorou (p<0,05) linearmente com o aumento do nível de proteínas na dieta de 16 para 20% em todos os períodos experimentais, exceto durante as 30-34 semanas de idade.
8. O período de 26-30 semanas de idade melhorou (p<0,01) os valores de utilização de proteínas com 0,67 e 0,72% de TSAA nas dietas.
9. O efeito de interação entre o PC da dieta e o TSAA foi significativo (p<0,01) na utilização de proteínas apenas às 26-30 semanas de idade.
10. O número de ovos aumentou significativamente (P<0,01) com dietas com 20 e 18% de PC versus 16% de proteína durante 26-30 semanas de idade.
11. Em todos os períodos de postura estudados, os diferentes níveis de TSAA nas dietas não mostraram qualquer efeito significativo sobre o número de ovos, exceto durante todo o período (18-34 semanas de idade).
12. A interação entre os níveis de proteína alimentar e de TSAA nas dietas foi significativa (P<0,01) no número de ovos das galinhas poedeiras com 26-30 e 30-34 semanas de idade.

13. Os resultados do peso dos ovos foram significativamente (p<0,01) influenciados pelos níveis de proteína bruta em todas as idades estudadas, exceto nas 18-22 semanas de idade, em que o peso dos ovos foi menor quando as galinhas consumiram menos proteína 16% do que as galinhas que consumiram a dieta mais rica em proteína 20%.
14. A interação entre os níveis de proteína da dieta e de TSAA nas dietas não foi significativa (P<0,01) no peso dos ovos das galinhas poedeiras durante todos os períodos experimentais.
15. A massa dos ovos aumentou significativamente (P<0,01) para as poedeiras alimentadas com 20 e 18% de PC versus 16% de proteína em todos os períodos estudados, exceto durante as 18-22 semanas de idade.
16. Não foi observada qualquer influência significativa nos valores da massa dos ovos devido ao efeito dos níveis testados de TSAA na dieta durante todos os períodos experimentais, exceto na massa dos ovos às 18-34 semanas de idade.
17. Não se verificaram diferenças significativas devido à interação entre os níveis de proteína da dieta e de TSAA na massa dos ovos em todas as idades estudadas durante o período experimental.
18. O índice de forma do ovo foi significativamente afetado (p<0,05) com vários níveis de proteína às 22 semanas de idade, enquanto que não houve qualquer significado às 26, 30 e 34 semanas de idade.
19. Os resultados do USSW foram significativamente (p<0,05 ou 0,01) influenciados pelos níveis de proteína bruta às 26, 30 e 34 semanas de idade, exceto às 22 semanas de idade.
20. Os diferentes níveis de TSAA não afectaram significativamente todas as caraterísticas externas de qualidade dos ovos em todas as idades estudadas, em comparação com o índice de forma dos ovos às 22 semanas de idade.
21. A proteína da dieta teve um efeito significativo (p<0,05 ou 0,01) na percentagem de albúmen e de gema em todas as idades estudadas, exceto na percentagem de gema às 22 semanas de idade.
22. A unidade Haugh e a percentagem de casca foram insignificantemente (p< 0,05 ou 0,01) afectadas pela ingestão de proteínas em todas as idades, exceto às 22 semanas de idade. As galinhas que consumiram a dieta de 16% de proteína produziram ovos com mais qualidade de casca, unidade haugh e índice de forma do ovo do que as que consumiram a dieta de 18 ou 20% de proteína.
23. Verificou-se um efeito significativo dos diferentes níveis de proteína na relação gema: albúmen em todas as idades testadas, exceto às 22 semanas de idade para as galinhas Brown Lohmann durante a primeira fase de produção.
24. Não houve qualquer efeito significativo das diferentes dietas proteicas em todos os critérios internos de qualidade dos ovos em todas as idades testadas, exceto no índice de ovos e de gema às 22 e 34 semanas de idade, respetivamente.
25. A interação entre os níveis de PC e TSAA na qualidade interna dos ovos não foi significativa em todas as idades estudadas.
26. Os critérios de composição química do ovo inteiro (humidade, sólidos do ovo, proteína do ovo, extrato etéreo, extrato isento de azoto, matéria orgânica e minerais totais) não foram influenciados pela ingestão de TSAA na dieta das galinhas Lohmann durante o período experimental de 18-34 semanas de idade.
27. Tanto a humidade total como as percentagens de sólidos dos ovos foram significativamente afectadas (p<0,01) pela interação entre a proteína e o TSAA nas galinhas Lohmann Brown.
28. Os níveis de proteína da dieta não mostraram diferenças significativas em todos os constituintes do albúmen estudados, exceto para as percentagens de matéria orgânica e de cinzas que diferiram significativamente (p<0,01).
29. Não se verificaram efeitos significativos devido às diferentes dietas proteicas em todos os

parâmetros de composição química da gema, exceto na humidade e na percentagem de sólidos da gema.

30. Não se registaram efeitos significativos em todos os constituintes da composição química devido aos diferentes níveis de Met + Cys na dieta das galinhas Lohmann.
31. Não se observou qualquer influência significativa nos parâmetros de composição química da gema devido ao efeito de interação entre o nível de proteína e Met + Cys, exceto a percentagem de humidade e de sólidos na gema
32. Não houve efeitos significativos dos níveis de proteína da dieta na globulina, na relação A/G, no ácido úrico e na creatina, enquanto a proteína total, o albúmen e a ureia das galinhas alimentadas com a dieta rica e moderada em proteínas foram significativamente (P<0,05) superiores aos das galinhas alimentadas com a dieta pobre em proteínas às 34 semanas.
33. O efeito de interação entre a PC e a TSAA sobre as proteínas totais, a albumina e as enzimas hepáticas (AST e ALT) foi significativo, mas não há diferenças quanto a este efeito noutros parâmetros sanguíneos.
34. A digestibilidade da matéria seca (MS), da matéria orgânica (MO) e do extrato etéreo (EE) foi significativamente melhorada (p<0,01) com a diminuição dos níveis de proteína.
35. Os resultados indicaram que a digestibilidade (DM), (OM) e (CP) diminuíram significativamente (p<0,05 ou 0,01) com o aumento do nível de aminoácidos sulfurados totais.
36. A digestibilidade da proteína bruta (PB) foi significativamente (p<0,01) afetada pelo efeito de interação entre a proteína e a TSAA.
37. A diferença de proteína bruta na dieta das galinhas Lohmann Brown afectou significativamente (p<0,01) a quantidade total de azoto consumido e o azoto evitado nas suas excreções.
38. O TSAA afectou significativamente (p< 0,05 ou 0,01) o consumo de azoto e o azoto excretado, tendo o TSAA a 0,72% registado os valores mais elevados para a quantidade total de azoto consumido, 3,98 g/d, e para o azoto removido nos excrementos, 0,527 g/d, em comparação com os outros níveis.
39. A dieta com 16% de PC deu os melhores valores de eficiência económica e eficiência económica relativa (5,02 e 371,85%, respetivamente) em comparação com outras dietas durante as 18-22 semanas de idade.
40. A viabilidade económica foi afetada com diferentes níveis de TSAA, sendo que 0,72% de TSAA registou o valor mais elevado de EE e REE em todos os períodos experimentais, exceto às 26-30 semanas de idade, em que 0,67% de TSAA registou o valor mais elevado.

Em conclusão: Do ponto de vista nutricional e económico, pode concluir-se que a utilização de 16% de PC foi suficiente para obter o melhor desempenho produtivo e a melhor eficiência económica das galinhas da raça Lohmann Brown durante a fase inicial de produção (18-26 semanas de idade). Por outro lado, as galinhas da raça Lohmann Brown durante o pico de produção precisam de aumentar os níveis de PC nas dietas para 18% para satisfazer as necessidades nutricionais. Além disso, os melhores critérios de produção podem ser obtidos com a utilização de 0,72% de TSAA. Além disso, recomenda-se um nível alimentar de 20% de PC com 0,72% de TSAA para alimentar as galinhas Lohmann durante todo o período experimental (18-34 semanas de idade), mas, do ponto de vista ecológico e sanitário, a redução das proteínas nas dietas das poedeiras (16%) com a suplementação de aminoácidos essenciais (metionina + cistina) poderia desempenhar um papel significativo na redução da poluição por azoto proveniente do estrume das aves de capoeira. Por conseguinte, a redução da ingestão de proteínas na dieta é a estratégia perfeita para diminuir a emissão de amoníaco dos excrementos das galinhas poedeiras e melhorar as condições ambientais em torno das aves.

CAPÍTULO 6

6. REFERÊNCIAS

Aarnink A. J. A., P. Hoeksma, e E. N. J. van Ouwerkerk (1993). Factores que afectam as concentrações de amónio no chorume de suínos de engorda. Pages 413-420 in Nitrogen Flow in Pig Production and Environmental Consequences.

Abdalla A., H. M., Yakout e M. M., Khalifah (2005). Determinação das necessidades de lisina e metionina da estirpe Gimmizah durante a fase de produção de ovos. 3rd Inter. Poult. Con. 4-7 Abr. 2005 Hurghada. Egito.

Abd El-Maksoud A., S. M., El-Sheikh, A. A., Salama e R.E Khidr (2011) desempenho de galinhas poedeiras locais afetado por dietas de baixa proteína e suplementação de aminoácidos. Egito. Poult. Sci. Vol (31) (II): (249258).

Abd-EL-Samee M. O., T. M., EL-Sheikh, e A. M., Ali (2007). Uma tentativa de aliviar o stress térmico e melhorar o desempenho das galinhas poedeiras e a qualidade dos ovos durante o verão, utilizando alguns aminoácidos ou vitaminas. Egito. Poult. Sci., 27: 875- 891.

Ahmad H.A., M.M. Bryant, S. Kucuktas e D.A. Roland (1997). Alimentação e maneio econométricos para galinhas Dekalb Delta da fase dois do primeiro ciclo. Poult. Sci., 76: 12561263.

Ahmad H. A. e D. A. Roland (2003). Effect of Environmental Temperature and Total Sulfur Amino Acids on Performance and Profitability of Laying Hens (Efeito da temperatura ambiente e dos aminoácidos de enxofre totais no desempenho e na rentabilidade das galinhas poedeiras):

An Econometric Approach .J. Appl. Poult. Res. 12:476- 482.

Akbar M. K., J. S., Gavora, G. W. Friars e R. S. Gowe (1983). Composição dos ovos por categorias de tamanho comercial: Effects of genetic group, age and diet. Poultry Science. 62:925-33.

Akiba Y., L. S., Jensen, C. R., Bart, e R. R., Kraeling (1982). Determinação do estradiol plasmático, das hormonas da tiroide e dos lípidos hepáticos em aves. J. Nutr., 112: 299-308.

Altan O., I., Oguz e Y., Akbas (1998). Efeitos da seleção de um peso corporal elevado e da idade da galinha nas caraterísticas dos ovos de codornizes japonesas (coturnix coturnix japonica). Vet. Anim. Sci., 22:467-473.

Amer M. (1972). Qualidade dos ovos de Rhode Island Red, Fayoumi e Dandarawi. Poult. Sci. 51, 232-238.

Andersson K. (1979). Alguns tufos de alimentos não convencionais para galinhas poedeiras 1. Efeitos na produção e na composição química bruta dos ovos. Swedish Journal of Agricultural. 9:29-36.

Association of Official Analyical Chemists Official (A.O. A. C.) (1990). Methods of Analysis 15th ed. Publicado pela A.O.A.C. Washington D.C.

Attia, Y. A.; Hassan, R. A.; Shehatta, M. H.; e Salwa B. Abd El-Hady (2005). Crescimento, caraterísticas, constituintes do soro sanguíneo, níveis imunitários de metionina e betaína. 3.ª Conferência Internacional de Avicultura 4-7 de abril Hurghada, Egito.

Azazi I. A., M. M., Nasr-Allah, e I. I. H., Hasan (2006).The

Resposta de galinhas poedeiras a uma dieta à base de farinha de milho e soja suplementada com metionina e lisina. Egito. Poult. Sci., 26: 477-494.

Baker D.H., A.B., Batal, T.M., Parr, N.R., Augspurger, and C.M., Parsons (2002) Ideal ratio (relative to lysine) of tryptophan, threonine, isoleucine, and valine for chicks during the second and third weeks posthatch. Poultry Science 81: 485-494.

Baker D.H. e Y. Han (1994) Ideal amino acid profile for chicks during the first three weeks posthatching. Poultry Science 73: 1441-1447.

Balnave D. e D. Robinson (2000). Aminoácidos e necessidades energéticas de estratos de poedeiras castanhas importadas. Rral- Industries Research and Development Corporation (RIRDC), publicação nº 2000, 2000/179 RIRDC project Mo. Us. 54aA, Kingston, Austrália

Baião N. C., M. O. O. Ferreira, F. M. O. Borges, e A. E. M. Monti (1999). Efeito da metionina sobre o desempenho de galinhas poedeiras. Arq. Bras. Med. Vet. Zootec. 51:271-274.

Barker D.H. (2003). Ideal amino acid patterns for broiler chicks. p.223-235, in: Amino Acids in Animal Nutrition, 2ª edição, ed. J. P. F. D'Mello, CABI Publishing, Wallingford, Reino Unido. J. P. F. D'Mello, CABI Publishing, Wallingford, UK.

Bello M. T. S. (1997). Níveis de energia metabolizável e de metionina em rações de codornas japonesas (Coturnix coturnix japonica) na fase inicial de postura [dissertação]. Lavras (MG): Escola Superior de Agricultura de Lavras.

Belo M.T., S.J.T. Cotta e A.I. Olivaeriara (2000). Níveis de metionina em rações de codornas japonesas (Coturnix coturnix japonica) no período inicial de postura. Ciencia-e-Agrotecnologia: 1068- 1078.

Bertram H.L., K.J. Danner e H. Jeroch (1995). Effect of DL-methionine in a cereal-pea diet on the performance ob brown laying hens. Arch. Geflügelk, 59: 103-107.

Bertram H. L., e J. B. Schutte (1992). Avaliação dos aminoácidos com enxofre em galinhas poedeiras. Proc. World's Poult. Congr. 3:607-609.

Blair R., D.J.W. Lee, C. Fisher, e C.C. McCorquodnk (1976). Responses of laying hens to a low-urotein diet suuulemented with essential acids, L-gl;tamic acid, and& intact protein. Br. Poultry Sci: 17427440.

Blair R., J. P., Jacob, S. Ibrahim, e P., Wang (1999). A quantitative assessment of reduced protein diets and supplements to improve nitrogen utilization. Journal of Applied Poultry Research 8: 25-47.

Bouyeh M. e O., Gevorgian (2011). Influência de diferentes níveis de lisina, metionina e proteína no desempenho de galinhas poedeiras após o pico. International of animal and veterinary advances .10(4)532-537.

Brand Z., T.S. Brand e C.R. Brown (2003).The effect of different combinations of dietary energy and protein on the composition of ostrich eggs. South African Journal of Animal Science, 33 (3).

Brake J. D., e E. D. Peebles (1992). Laying hen performance as affected by diet and caging density. Poult. Sci. 71:945- 950.

Bray D.J., (1964). Estudos com dietas para poedeiras à base de milho-soja. 7. Limitação de aminoácidos numa mistura 60:40 de milho e proteína de soja. Poultry Science, 43: 396-401.

Bunchasak, C.; Poosuwan, K.; e R. Nukraew (2005). Effect of dietary protein on egg production and immunity responses of laying hens during peak production period. Inter. J. Poult. Sci., 4: 701-708.

Butts J. N., e F. E. Cunningham (1972). Effect of dietary protein on selected properties of the egg. Poult. Sci. 51:1726-1734.

Calderon V. M., e L. S. Jensen (1990). The requirement for sulfur amino acid by laying hens as influenced by the protein concentration. Poult. Sci. 69:934-944.

Cao Z., C.J. Jevne e C.N. Coon (1992). The methionine requirement of laying hens as affected by dietary protein levels. Poult. Sci., 71(suppl.1): 39. (Abstr.).

Cao (1995). Nutrição e metabolismo de aminoácidos de enxofre em poedeiras e frangos de carne. Ph.D., Universidade de Minnesota, 156 páginas; AAT 9523950

Carey J. B., R. K. Asher, J. F. Angel, e L. S. Lowder (1991). A influência da ingestão de metionina na composição do ovo. Poult. Sci. 70(Suppl. 1):151. (Abstr.).

Chaiyapoom B. K., R. Poosuwan1 K. M. Nukraew1, e C. Apassara (2005). Effect of Dietary Protein on Egg Production and Immunity Responses of Laying Hens During Peak Production Period (Efeito da Proteína da Dieta na Produção de Ovos e nas Respostas de Imunidade das Galinhas Poedeiras Durante o Período de Pico de Produção). International Journal of Poultry Science 4 (9): 701-708.

Chavez R., J.M. Thomas e B.L. Reid (1966). The utilization of non-protein nitrogen by laying hens. Poultry Science, 45: 547-553.

Chi M.S. e G.M. Speers (1973). Nutritional value of high lysine corn for the broiler chick. Poultry Science 52: 1148-1157.

Cole A. D. J. (1996). Uma proteína ideal para cada espécie. Feed Compounder 16 (9), 14-19. 12º Simpósio Anual de Biotecnologia na Indústria de Alimentos para Animais. Alltech, 1996, Kentucky, EUA.

Coon C. (2004). The ideal amino acid requirement and profile for broilers, layers and broiler breeders. Associação Americana de Soja. julho de 2004.

Danicke S., I. Halle, H. Jeroch, W. Böttcher, P. Ahrens, R. Zachmann, e S. Gotze (2000). Effect of soy oil supplementation and protein level in laying hen diets on practical nutrient digestibility, performance, reproductive performance, fatty acid composition of yolk fat, and on other egg quality parameters. European Journal of Lipid Science and Technology, 102: 218 - 232.

Dean D. W., T. D. Bidner, e L. L. Southern (2006). Glycine supplementation to low protein, amino acid-supplemented diets supports optimal performance of broiler chicks. Poult. Sci. 85:288-296.

Dibner J. J., M. L., Kitchell, W. W., Robey, A. G., Yersin, P. A., Dunn e Jr., R. F. Wideman (1994). Lesões hepáticas e fontes suplementares de metionina nas dietas de galinhas poedeiras adultas. Journal of Applied Poultry Research 3: 367-372.

Donsbough A. L, S. Powell , A. Waguespack , T. D. Bidner e L. L. Southern (2010) Concentrações de ácido úrico, ureia e amoníaco no soro e concentração de ácido úrico nas excreções como indicadores da utilização de aminoácidos em dietas para frangos de carne. Poult. Sci. 89 :287-294.

Duncan, D. B. (1955). The multiple range and F-tests. Biometrics, 11: 1-24.

El-Ganzory E. H.; Hassan, R. A.; e Kout El-Kloub M. E. Moustafa, (2004). Efeito da suplementação de betaína e / ou sulfato de sódio como substituto da metionina em dietas de pintos. Egito. Poult. Sci., 24:823-843.

EL-Husseiny O. M., A. Z. Soliman, M. O. Abd EL-Samee, e I. I. Omara (2005). Effect of dietary energy, Methionine, choline and folic acid levels on layers performance. Egito. Poult. Sci., 25: 931-956.

Emmert J. L. e D. H. Barker (1997). Utilização do conceito de proteína ideal para a formulação exacta dos níveis de aminoácidos em dietas para frangos de carne. J. Appl. Poult. Res., 6: 462-470.

Franchini A., A., Meluzzi, G., Giordani, e M., Foschi (1986). Influenza del titolo proteico della dieta sulle performance della gallina ovaiola. Zootecnica e Nutrizione Animale, 6: 493- 501.

Gabriel M. B. e L. F. Babatunde (1975). Efeitos dos níveis de proteína nas dietas das poedeiras sobre a taxa de produção de ovos

e a composição química dos ovos de aves de capoeira nos trópicos J. Sci. Fd Agric. 21, 454-462.

Garcia E. A., A. A. Mendes, C. C. Pizzolante, E. B. Saldanha, J. Moreira C., Mori e A. C. Pavan (2005). Níveis de proteína, metionina+cistina e lisina para codornas japonesas durante a fase de produção. Revista Brasileira de Avicultura. 7 : nl : 11 - 18.

Gardner F. D. e L. L. Young (1972). The influence of dietary protein and energy levels on the protein and lipid content of the hen.s egg. Poultry Science; 49:1687-92.

Goldstein D. L., e E. Skadhauge (2000). Regulação renal e extrarrenal da composição dos fluidos corporais. In: G.C. Whittow (ed.) Sturkie's avian physiology. p 265-297. Academic Press, San Diego, Califórnia.

Gomez S. e M. Angeles (2009). Efeito dos níveis de treonina e metionina na dieta de galinhas poedeiras no segundo ciclo de produção. J. Appl. Poult. Res. 18 :452-457

Grobas S., J. Mendez, C. De. Blas e G. G. Mateos (1999). Produtividade das galinhas poedeiras afetada pela energia, gordura suplementar e concentração de ácido linoleico da dieta. Poult. Sci. 78:1542-1551.

Gunawardana P., D. A. Roland e M. M. Bryant (2009). Efeito da energia e do desempenho proteico, componentes do ovo, sólidos do ovo, qualidade do ovo e lucros em galinhas Hy-line W-36 com muda. J. Appl. Poult. Res., 17: 432-439.

Hamilton R. M. G. (1978). The effects of dietary protein level on productive performance and egg quality of four trains of White Leghorn hens. Poult. Sci. 57:1355-1364.

Han T. e B. Dadey (1976) Linfócitos T e B: papel exclusivo como respondedores e estimuladores na reação linfocitária mista "unidirecional" humana. Immunology. (No prelo.)

Harms R. H., e G. B. Russell (1993). Otimização da massa de ovos com suplementação de aminoácidos numa dieta pobre em proteínas. Poult. Sci. 72:1892-1896.

Harms R.H. e G.B. Russel (1996). A re-evaluation of the methionine requirement of the commercial layer. J. of Applied Animal Reserch. 9: 141- 151.

Harms R. H., G. B. Russell, H. Harlow e F. J. Ivey (1998). The influence of methionine on commercial laying hens. J. Appl. Poult. Res. 7:45-52.

Harper A. E., N. J. Benevenga, e R. M. Wohlhueter (1970). Effects of ingestion of disproportionate amounts of amino acids (Efeitos da ingestão de quantidades desproporcionadas de aminoácidos). Physiology Reviews 50: 428-558.

Hassan G. M., M. Farghaly, F. N. K. Soliman e H. A. Hussain (2000). A influência da estirpe e do nível de proteínas da dieta nas caraterísticas de produção de ovos de diferentes estirpes de galinhas locais. Egito. Poult. Sci., 20: 49-63.

Hassan I.I., B.M. Khashaba e M.M. El-Hindawy (2003a). Efeito da suplementação com metionina e alguns aditivos alimentares no desempenho de pintos de carne. Egito. Poul. Sci., 23: 485-505.

Hassan R.A., E.H. El-Ganzoury, F.A. Abdel-Ghany e M.A. Shehata (2003b). Influência da suplementação de zinco na dieta com metionina ou enzima microbiana de fitoze no desempenho produtivo e reprodutivo da estirpe Mandarah. Egito. Poult. Sci., 23: 761- 785.

Heady E., O., e H., R., Jensen (1954).Farm Management Economics.Englewood cliffs: prentice-Hall, Inc.

Hsu J. C., C. Y. Lin e P. W. Chiou (1998). Efeitos da temperatura ambiente e da suplementação de metionina de uma dieta pobre em proteínas sobre o desempenho de galinhas poedeiras. Anim. Feed Sci. Technol. 74:289-299.

Hussein S. M. e R. H. Harms (1994). Effect of amino acid deficiencies on yolk:albumen ratio in hen eggs. Journal Applied Poultry Research; 3(4):362-366.

Igbasan F.A. e W. Guenter (1997). A influência da alimentação com ervilhas de sementes amarelas, verdes e castanhas no desempenho produtivo de galinhas poedeiras. J. of the Science of food and Agriculture. 73: 120- 128.

Jakobsen P. E., S. G. Kirston e H. Nelson (1960). Digestibility traits with poultry. 322 bretning far forsgs laboratoriet Udgivet Statens Husdybug Sudvalg Koberhann.

Jamroz D., J. Orda, J. Skorupinska, e A. Wiliczkiewicz (1996). Redução das excreções de azoto das galinhas poedeiras através da alimentação com misturas de baixa proteína bruta e da aplicação de suplementos alimentares. Archiv Geflugelk. 60:72-81.

Jordao Filho J., S. J. H. Vilar, E. L. Silva, R. M. L. Gomes, M. T. D. Dantas, e R. C. Boa-Viagem (2006). Exigências nutricionais de metionina + cistina para poedeiras semipesadas do início de produção até o pico de postura 1. Rev. Bras. Zootec. 35:1063-1069.

Junqueira O. M., A. C. de Laurentiz, R. da Silva Filardi, E. A. Rodrigues, e E. M. Casartelli (2006). Efeitos dos níveis de energia e proteína sobre a qualidade dos ovos e desempenho de galinhas poedeiras no início do segundo ciclo de produção. J. Appl. Poult. Res. 15:110-115.

Kerr B. J. (1995). Estratégias nutricionais para a gestão da redução de resíduos: Nitrogénio. Pages 47-68 in New Horizons in Animal Nutrition and Health. J. B. Longenecker e J. W. Spears, ed. The Inst. of Nutr. of the Univ. of North Carolina, Chapel Hill.

Keshavarz K. (1984). The effect of different dietary protein levels in the rearing and laying period on performance of White Leghorn chickens. Poult. Sci. 63:2229- 2240.

Keshavarz K., e M. E. Jackson (1992). Performance of growing pullets and laying hens fed low-protein, amino acidsupplemented diets. Poult. Sci. 71:905-918.

Keshavarz K., e S. Nakajima (1995). The effect of dietary manipulations of energy, protein, and fat during the growing and laying periods on early egg weight and egg components. Poult. Sci. 74:50-62.

Keshavarzl K. e R. E. Austic (2004). The Use of Low- Protein, Low- Phosphorus, Amino Acid- and Phytase- Supplemented Diets on Laying Hen Performance and Nitrogen and Phosphorus Excretion. Poultry Science 83:75-83.

Khajali F., E. A. Khoshouie, S. K. Dehkordi e M. Hematian (2008). Desempenho da produção e qualidade dos ovos de galinhas poedeiras Hy-Line W36 alimentadas com dietas de proteína reduzida com uma relação constante de aminoácidos de enxofre total: lisina. J Appl Poult Res. 17:390-397.

Kiiskinen T. e E. Helander (1998). Effect of restricted methionine and energy intake on egg weight and shell quality. Agriculture and Food Science in Finland. 7: 513521.

Koreleski J. , e S. swi3tkiewicz (2011). Efeito da metionina e do nível de energia em dietas orgânicas com elevado teor de proteínas fornecidas a galinhas poedeiras. Ann. Anim. Sci., Vol. 10 :

83-91.

Leeson S., e L. J. Caston (1996). Response of laying hens to diets varying in crude protein or available phosphorous (Resposta de galinhas poedeiras a dietas que variam em proteína bruta ou fósforo disponível). J. Appl. Poult. Res. 5:289-296.

Leeson S., J. D. Summers e L. J. Caston (2001). Response of layers to low nutrient density diets (Resposta das poedeiras a dietas de baixa densidade nutricional). J.Appl. Poult. Res., 10: 46-52

Lewis D. e J.P.F., D'mello (1967). Crescimento e equilíbrio de aminoácidos na dieta. In: Growth and Development of Mammals. Lodge, G.A. e Lamming, G.E., ed. Butterworths, Londres, Reino Unido

Lopez G. e S. Leeson (1995). Resposta de criadores de frangos de carne a dietas pobres em proteínas. 1. Desempenho de reprodutores adultos. Poultry Science 74: 685-695.

Liu, Z. G., M.M. Wu, D.A. Bryant, Sr. Roland (2005). Influência da adição de lisina sintética em dietas de baixa proteína com a relação metionina mais cisteína para lisina mantida em 0,75. J. Appl. Poult. Res., 14: 174-182.

Lopez G. e S. Leeson (1995). Resposta dos criadores de frangos de carne a dietas pobres em proteínas. 1. Desempenho de reprodutores adultos. Poult. Sci. 74:685-695.

McDonald M. W. (1979). Suplementos de lisina e metionina em dietas para frangas poedeiras. Australian Journal of Agricultural Research 30(5) 983 - 990.

Mcnab J. M. (1994). Capítulo 9 Estudos de digestibilidade e disponibilidade de aminoácidos em aves de capoeira. In: Amino Acids in Farm Animal Nutrition, J.P.F. D'Mello, ed., CAB International, Wallingford, UK. pp. 185-203.

Meluzzi A., F. Sirri, N. Tallarico e A. Franchini (2001). Nitrogen retention and performance of brown laying hens on diets with different protein content and constant concentration of amino acids and energy British Poultry Science. 42: 213-217

Mendonça C. X., e F. R. Lima (1999). Efeito dos níveis de proteína e metionina da dieta sobre o desempenho de galinhas poedeiras em muda forçada. Braz. J. Vet. Res. Anim. Sci. 36:332-338.

Moustafa M., E. Kout EL-Kloulb, A. A. Hussein e M. K. Gad EL-hak (2005). Estudo sobre as necessidades energéticas e proteicas das galinhas da estirpe local Mamoura durante o período de postura. Egito. Poult. Sci., 25: 637-651.

Moore P.A. (1998). Melhores práticas de gestão para a utilização de estrume de aves de capoeira que aumentam a produtividade agrícola e reduzem a poluição. In: Animal Waste Utilization:Effective Use of Manure as a Soil Resource.

Morris T.R. e R.M. Gous (1988). Partição da resposta à proteína entre o número de ovos e o peso do ovo. British Poultry Science, 29: 93-99.

Murakami A. E. (1991). Níveis de proteína e energia em dietas de codornas japonesas (Coturnix coturnix japonica) nas fases de crescimento e postura [tese]. Jaboticabal(SP): Universidade Estadual Paulista.

Naulia A. H. e M.A. Singh (2002). Effect of dietary protein and supplemental fat on performance of laying hens. Int. J. Poult. Sci., 4(12): 1986-1989.

NRC, Conselho Nacional de Investigação (1994). Nutrients Requirements of Poultry (Necessidades de nutrientes das aves de capoeira). 9. ed. Washington D.C., EUA.

Novak C., H. Yakout e S. Scheideler (2004). The Combined Effects of Dietary Lysine and Total Sulfur Amino Acid Level on Egg Production Parameters and Egg Components in Dekalb Delta Laying Hens. Poultry Science 83:977-984.

Novak C., H. M. Yakout and S. E. Scheideler (2006).The Effect of Dietary Protein Level and Total Sulfur Amino Acid:Lysine Ratio on Egg Production Parameters and Egg Yield in Hy-Line W-98 Hens. Poultry Science 85:2195- 2206.

Novak C. L., H. M. Yakout e J. Remus (2008). Response to Varying Dietary Energy and Protein With or Without Enzyme Supplementation on Leghorn Performance and Economics (Resposta à variação da energia e da proteína da dieta com ou sem suplementação enzimática sobre o desempenho e a economia de Leghorn). 2. Período de postura . J Appl Poult Res 2008. 17:17-33.

Okazaki Y., A. Fukasawa, R. Adachi-Siohishi e T. Ishibashi (1995). Effect of phase feeding of amino acid on performance of laying hens during laying periods. Japanese Poult. Sci., 35: 12- 25.

Parr J. F. e J. D. Summers (1991). The effect of minimizing amino acid excesses in broiler diets. Poultry Sci. 7015401549.

Pavan A.C. , C., Móri , E.A., Garcia, M.R., Scherer, C., Pizzolante (2005). Níveis de aminoácidos protéicos e sulfurados sobre o desempenho, a qualidade dos ovos e a excreção de nitrogênio de galinhas poedeiras de ovos marrons. Revista Brasileira de Zootecnia Volume 34, Edição 2, março 2005, Páginas 568574.

Penz A. M., Jr., e L. S. Jensen (1991). Influence of protein concentration, amino acid supplementation, and daily time of access to high- and low-protein diets on egg weight and components in laying hens. Poult. Sci. 70:2460-2466.

Pinto R. (1998).Níveis de proteína e energia para codornas japonesas (Coturnix coturnix japonica) em postura [tese]. Viçosa (MG): Universidade Federal de Viçosa.

Reid B.L., A.J., Svacha, R.L., Dorflinger e C.W., Weber (1966). Estudos sobre o azoto não proteico em galinhas poedeiras. Poultry Science, 51: 1234-1243.

Resende J. A. A. (1993). Níveis de proteína e aminoácidos sulfurosos em rações de codornas japonesas (Coturnix coturnix japonica) [tese Livre Docência]. Rio de Janeiro(RJ): Universidade Federal Rural do Rio de Janeiro.

Roberts S. A., H. Xin, B. J. Kerr, J. R. Russell e K. Bregendahl (2007). Effects of dietary fiber and reduced crude protein on ammonia emission from laying-hen manure. Poult. Sci. 86:1625-1632.

Rostagno H.S. (1990). Valores de compsição de ração e exigências nutricionais de aves. p.11-30, in: Avicultura, Soc. Brasileira de Zootecnia, Piracicaba, FEALQ, Brasil.

Sá L.M., P.C., Gomes, L.F.T., Albino, H.S. Rostagno e C.C. Nascif (2007) Exigências nutricionais de metionina + cistina para galinhas poedeiras leves e semi-pesadas no período de 34 a 50 semanas de idade. Volume 36, Número 6, novembro, Páginas 1837-1845.

Safaa H. M., M. P. Serrano, D. G. Valencia, X. Arbe, E. Jiménez-Moreno, R. Lázaro e G. G. Mateos (2008). Efeitos dos níveis de metionina, ácido linoleico e gordura adicionada na dieta sobre o desempenho produtivo e a qualidade dos ovos de galinhas poedeiras marrons na fase tardia da produção. Poult. Sci. agosto de 2008 vol. 87 no. 8 1595-1602.

Saxena V. P.; A. B. Mandal, e R. S. Thakur (1986). Performance of commercial laying pullets on different protein and energy levels during winter months. Indian Journal of Animal Science, 56 (2): 262 -266, fevereiro.

Scheideler S. E., e M. A. Elliot (1998). Consumo de aminoácidos sulfurados totais (TSAA) para maximizar a massa de ovos e a eficiência alimentar em poedeiras jovens (19-45 semanas de idade). Poult. Sci. 77(Suppl. 1):130. (Abstr.)

Schutte J. B. e E.J. Van Werdem (1978). Requirement of the hen for sulphur containing amino acids. Br. Poult. Sci., 19: 573-581.

Schutte J.B., E.J. Van Weerden e H.L. Bertram (1983). Sulphur amino acid requirement of laying hens and the effects of excess dietary methionine on laying performance. Brit. Poult. Sci., 24: 319- 326.

Schutte J. B., J. de Jong, e J. P. Holsheimer (1992). Dietary protein in relation to requirement in poultry and pollution (Proteína dietética em relação às necessidades das aves de capoeira e poluição). Páginas 231-235 em Proc. XIX World's Poult. Congr., Amesterdão, Países Baixos. WPSA, Beekbergen, Países Baixos.

Schutte J.B., J. De Jong e H.L. Bertram (1994). Requirement of the laying hen for sulfur amino acids. Poult. Sci., 73: 274-280.

Shafer D.J., J.B. Carey e J.F. Prochaska (1996). Efeito da ingestão de metionina na dieta sobre o rendimento e a composição dos componentes do ovo. Poult. Sci., 75: 1080-1085.

Shafer D. J., J. B. Carey, J. F. Prochaska, e A. R. Sams (1998). Efeitos da ingestão de metionina na dieta sobre o rendimento, composição, funcionalidade e análise do perfil de textura dos componentes do ovo. Poult. Sci. 77:1056-1062.

Shehata A. M. (2000). Utilização de algumas plantas aquáticas na alimentação de pintos. Tese de Doutoramento, Fac. of Agric. Zagazig Univ. Egito.

Si J., C. A. Fritts, P. W. Waldroup, e D. J. Burnham (2004[a]). Effects of excess methionine from meeting needs for total sulfur amino acids on utilization of diets low in crude protein by broiler chicks. J. Appl. Poult. Res. 3:579-587.

Si J., C. A. Fritts, P. W. Waldroup, e D. J. Burnham (2004[b]). Effects of tryptophan to large neutral amino acid ratios and overall amino acid levels on utilization of diets low in crude protein by broilers. J. Appl. Poult. Res. 13:570-578.

Silva A. W., S. Narvaez-, S. R., Horácio, R., Pablo, M. Soares, e U. V. Luis Fernando (2005). Exigências nutricionais em metionina + cistina para galinhas poedeiras de ovos brancos durante o primeiro ciclo de produção International Journal of Poultry Science 4 (12): 965-968.

Snedecor C.W. e Cochran W.C. (1982). Statistical Methods. 7th ed. Iowa State Coll Press Ames IA.

Sohail S. S., Bryant M. M., e Roland D. A. (2003). Influência da gordura na dieta sobre os rendimentos económicos dos Leghorns comerciais. J. Appl. Poult. Res. 12:356-361.

Solarte, W. N., H. S. Rostagno, P. R. Soares, M. A. Silva, e V. L. F. Uribe (2005). Exigências nutricionais em metionina + cisteína para galinhas poedeiras de ovos brancos durante o primeiro ciclo de produção. Int. J. Poult. Sci. 4:965-968.

Summers J.D. e S., Leeson (1983) Factors influencing early egg size. Poultry Science, 62: 1155-1159.

Summers J.D. (1993) Reducing nitrogen excretion of the laying hen by feeding lower crude protein diets. Poultry Science 72: 1473-1478.

Summers J. D., J. L. Atkinson, e D. Spratt (1991). Suplementação de uma dieta pobre em proteínas numa tentativa de otimizar a produção de massa de ovos. Can. J. Anim. Sci. 71:211-220.

Van der Peet-Schwering C. P., N. Verdoes, e M., Voermans (1997). Emissão de amoníaco 10%

reduzida com alimentação por fases. Swine Res. Stn. Rep., Rosmalen, Países Baixos.

Victor M., Calderon, e S. Leo, Jensen (1990). As necessidades de aminoácidos sulfurados das galinhas poedeiras são influenciadas pela concentração de proteínas. Poult.Sci., 69 : 934 - 944.

Waldroup, P.W. e H. M., Hellwig (1995). Methionine and total sulphur amino acid requirements influenced by stage of production. Journal of Applied Poultry Research 4: 283-292.

William N. S., S. R., Horácio, R. S., Pablo Marcelo a. Silva e F. V., Luis (2005). Exigências nutricionais em metionina + cistina para galinhas poedeiras de ovos brancos durante o primeiro ciclo de produção. Revista internacional de ciência avícola 4 (12): 965-968,

Wu G., M.M. Bryant e D.A. Roland (2005[a]). Effect of synthetic lysine on performance of commercial Leghorns in Phase II and III (Second Cycle) while maintaining the Methionine+Cysteine/Lysine ratio at0.75. Poult. Sci., 84(Suppl.1):43. (Abstr.).

Wu G., M.M. Bryant, R.A. Voitle e D.A. Roland (2005[b]). Effect of dietary energy on performance and egg composition in Bovans White and Dekalb White In Phase I, Poult. Sci., 84: 1610-1615.

Xie M., S. S. Hou, W. Huang, L. Zhao, J. Y. Yu, W. Y. Li e Y. Y. Wu (2004). Inter-relação entre metionina e cistina de patinhos precoces de Pequim. Poult. Sci. 83:1703-1708.

Yakout H. M. (2000). Resposta de galinhas poedeiras a dietas práticas e de baixa proteína com rácios ideais de TSAA: lisina: Efeitos na componente de produção de ovos, azoto e excreção de azoto. Tese de doutoramento. Universidade de Alexandria

Yakout M. H. (2010). Efeitos da redução da proteína bruta da dieta com suplementação de aminoácidos no desempenho de poedeiras comerciais de pernilongo branco durante o segundo período de produção. Egito. Poult. Sci., 30: 961-974.

Yakout H. M., M. E. Omara, Y. Marie e R. A. Hassan (2004). Effect of incorporating growth promoters and different dietary protein level into Mandarah hens layers diets. Egito. Poult. Sci., 24: 977-994.

Yalcin S., A. Ergum, I. Coplan e A. Sehu (1990). Yumurta tavugu rasonlarinda findik ici kabugunum kullanilma olanaklarinin arastirilmasi. Vet.J. Ankara univ., 27:171176.

Zanaty, G. A., (2006). Níveis óptimos de proteína e energia da dieta para galinhas Norfa durante o período de postura. Egito. Poult. Sci., 26: 207-220.

Zeweil H. S., A. A. Abdalah, M. H. Ahmed e Marwa R. S. Ahmed (2011). efeito de diferentes níveis de proteína e metionina no desempenho de galinhas poedeiras baheij e na poluição ambiental. Egito. poult. sci. vol (31) (ii): (621-639)

Zimmermann N. G. e D. K. Andrews (1987). Comparação de vários métodos de muda induzida sobre o desempenho subsequente de galinhas White Leghorn de pente único. Poult. Sci. 66:408-417.

CAPÍTULO 7

7. APÊNDICE

7.1. Análise de variância do peso corporal inicial, final e da variação do peso corporal da proteína de galinhas poedeiras influenciada pelos níveis de proteína e de TSAA e pela sua interação entre as 18 e as 34 semanas de idade.

SOV.	Df.	MS		
		Initial body weight	Final body weight	Body weight change
Protein (P)	2	13458.74 ^{NS}	58939.43**	69.55**
TSAA (T)	2	9416.33 ^{NS}	18527.84 ^{NS}	16.66 ^{NS}
P×T	4	576.02 ^{NS}	22679.87 *	46.55 *
Error	18	7732.47	7559.95	15.89
Total	26			

7.2.Análise de variância do consumo de ração de galinhas poedeiras influenciado pelos níveis de proteína, TSAA e sua interação durante os períodos experimentais.

SOV.	Df.	MS				
		18-22 wk	22-26wk	26-30wk	30-34wk	18-34wk
Protein (P)	2	172.77 **	2.55 ^{NS}	45.55**	290.22*	13.97 NS
TSAA (T)	2	117.28 NS	1.76 ^{NS}	9.92 ^{NS}	53.38 ^{NS}	56.88 NS
P×T	4	113.03 NS	3.81 ^{NS}	18.99 ^{NS}	90.91 ^{NS}	85.68 NS
Error	18	52.41	6.88	14.89	69.23	44.09
Total	26	-	-	-	-	-

7.3. Análise de variância da eficiência alimentar das galinhas poedeiras influenciada pelos níveis de proteína e de TSAA e pela sua interação durante os períodos experimentais.

SOV.	Df.	MS				
		18-22 wk	22-26wk	26-30wk	30-34wk	18-34wk
Protein (P)	2	92452.09 NS	0.024*	0.0061**	0.02**	0.01**
TSAA (T)	2	90398.01 NS	0.002 NS	0.0059*	0.0007 NS	0.006*
P×T	4	88621.55 NS	0.001 NS	0.006*	0.002 ^{NS}	0.001 NS
Error	18	41090.58	0.008	0.002	0.004	0.001
Total	26	-	-	-	-	

7.4. Análise de variância da utilização de proteínas pelas galinhas poedeiras em função dos níveis de proteína e de TSAA e da sua interação durante os períodos experimentais.

SOV.	Df.	MS				
		18-22 wk	**22-26wk**	**26-30wk**	**30-34wk**	**18-34wk**
Protein (P)	2	3.05**	1.2**	0.291**	0.21 NS	0.57**
TSAA (T)	2	0.12 NS	0.06 NS	0.251*	1.78 NS	0.16 NS
P×T	4	0.15 NS	0.04 NS	0.243*	0.07 NS	0.049 NS
Error	18	0.15 NS	0.27	0.063	0.14	0.066
Total	26	-	-	-	-	

7.5. Análise de variância do número de ovos de galinhas poedeiras influenciado pelos níveis de proteína, TSAA e a sua interação durante os períodos experimentais.

SOV.	Df.	MS				
		18-22 wk	**22-26wk**	**26-30wk**	**30-34wk**	**18-34wk**
Protein (P)	2	1.59 NS	15.52 NS	29.55**	9.93 NS	54.67 NS
TSAA (T)	2	5.33 NS	4.08 NS	11.20 NS	1.37 NS	278.96*
P×T	4	1.03 NS	6.11 NS	27.22**	55.03**	35.27 NS
Error	18	2.44	17.16	5.19	10.67	59.28
Total	26	-	-	-	-	

7.6. Análise de variância do peso dos ovos das galinhas poedeiras influenciado pelos níveis de proteína e de TSAA e pela sua interação durante os períodos experimentais.

SOV.	Df.	MS				
		18-22 wk	**22-26wk**	**26-30wk**	**30-34wk**	**18-34wk**
Protein (P)	2	1.87 NS	58.19**	25.71**	58.19**	27.99*
TSAA (T)	2	11.34 NS	4.85 NS	8.30 NS	4.85 NS	6.22 NS
P×T	4	8.88 NS	22.54 NS	12.08 NS	22.54 NS	6.11 NS
Error	18	11.57	19.39	5.85	19.39	9.45
Total	26	-	-	-	-	-

7.7. Análise de variância da massa de ovos de galinhas poedeiras influenciada pelos níveis de proteína, TSAA e sua interação durante os períodos experimentais.

SOV.	Df.	MS				
		18-22 wk	**22-26wk**	**26-30wk**	**30-34wk**	**18-34wk**
Protein (P)	2	6174 ^{NS}	214756**	59637**	194465**	2268826**
TSAA (T)	2	17575 ^{NS}	12197 ^{NS}	40482 ^{NS}	2673 ^{NS}	686808*
P×T	4	5644 ^{NS}	13564 ^{NS}	12099 ^{NS}	27487 ^{NS}	199182 ^{NS}
Error	18	6507	53689	17879	38892	197190
Total	26	-	-	-	-	

7.8. Análise de variância do índice de forma dos ovos de galinhas poedeiras influenciado pelos níveis de proteína e de TSAA e pela sua interação às 34 semanas de idade.

SOV.	Df.	MS			
		At 22 wk	**At 26 wk**	**At 30wk**	**At 34 wk**
Protein (P)	2	25.50*	3.15 ^{NS}	4.49 ^{NS}	2.47 ^{NS}
TSAA (T)	2	24.40*	0.47 ^{NS}	49.03 ^{NS}	2.65 ^{NS}
P×T	4	1.38 ^{NS}	0.51 ^{NS}	4.50 ^{NS}	2.88 ^{NS}
Error	18	8.39 ^{NS}	4.11	20.43	8.85
Total	26	-	-	-	-

7.9. Análise de variância do USSW de galinhas poedeiras influenciado pelos níveis de proteína e de TSAA e pela sua interação às 34 semanas de idade.

SOV.	Df.	MS			
		At 22 wk	**At 26 wk**	**At 30wk**	**At 34 wk**
Protein (P)	2	0.02 ^{NS}	0.02**	0.0217**	0.029*
TSAA (T)	2	0.017 ^{NS}	0.001 ^{NS}	0.0009 ^{NS}	0.0015 ^{NS}
P×T	4	0.09 ^{NS}	0.006 ^{NS}	0.0016 ^{NS}	0.012 ^{NS}
Error	18	0.04	0.005	0.003	0.0054
Total	26	-	-	-	-

7.10. Análise de variância da percentagem de albúmen de galinhas poedeiras influenciada pelos níveis de proteína e de TSAA e pela sua interação às 34 semanas de idade.

SOV.	Df.	MS			
		At 22 wk	At 26 wk	At 30wk	At 34 wk
Protein (P)	2	21.67 **	14.74 **	8.79**	5.84 NS
TSAA (T)	2	5.90 NS	1.86 NS	3.5 NS	0.76 NS
P×T	4	19.20**	3.94 NS	2.5 NS	2.01 NS
Error	18	2.36	5.14	1.40	6.49
Total	26	-	-	-	-

7.11. Análise de variância da percentagem de gema de galinhas poedeiras influenciada pelos níveis de proteína e de TSAA e pela sua interação às 34 semanas de idade.

SOV.	Df.	MS			
		At 22 wk	At 26 wk	At 30wk	At 34 wk
Protein (P)	2	4.22 NS	13.99**	5.99**	1.37 NS
TSAA (T)	2	4.88 NS	1.28 NS	2.00 NS	0.36 NS
P×T	4	1.63 NS	1.77 NS	1.50 NS	1.75 NS
Error	18	1.54	2.9	1.19	2.94
Total	26	-	-	-	-

7.12. Análise de variância da percentagem de casca de galinhas poedeiras influenciada pelos níveis de proteína e de TSAA e pela sua interação às 34 semanas de idade.

SOV.	Df.	MS			
		At 22 wk	At 26 wk	At 30wk	At 34 wk
Protein (P)	2	5.37*	0.25 NS	1.04 NS	3.77 NS
TSAA (T)	2	1.07 NS	0.48 NS	1.31 NS	0.45 NS
P×T	4	2.66 NS	2.15 NS	2.41 NS	0.70 NS
Error	18	1.74	1.60	1.41	1.42
Total	26	-	-	-	-

7.13. Análise de variância da unidade de galinha das galinhas poedeiras influenciada pelos níveis de proteína e de TSAA e pela sua interação às 34 semanas de idade.

SOV.	Df.	MS			
		At 22 wk	At 26 wk	At 30wk	At 34 wk
Protein (P)	2	6.38*	13..56 NS	4.45 NS	35.08 NS
TSAA (T)	2	6.37*	50.37**	1.60 NS	21.95 NS
P×T	4	3.58 NS	16.86 NS	17.53 NS	12.32 NS
Error	18	2.02	16.18	16.27	30.15
Total	26	-	-	-	-

7.14. Análise de variância do índice de gema de galinhas poedeiras influenciado pelos níveis de proteína e de TSAA e pela sua interação às 34 semanas de idade.

SOV.	Df.	MS			
		At 22 wk	At 26 wk	At 30wk	At 34 wk
Protein (P)	2	14.15 NS	22.86 NS	5.69 NS	59.79 *
TSAA (T)	2	138.37 NS	33.27 NS	1.20 NS	61.23*
P×T	4	240.25 NS	24.83 NS	7.85 NS	5.20 NS
Error	18	119.08	20.76	24.06	20.83
Total	26	-	-	-	-

7.15. Análise de variância do rácio de albumina da gema de galinhas poedeiras influenciado pelos níveis de proteína e de TSAA e pela sua interação às 34 semanas de idade.

SOV.	Df.	MS			
		At 22 wk	At 26 wk	At 30wk	At 34 wk
Protein (P)	2	0.01 NS	0.0077**	0.002*	0.0014 NS
TSAA (T)	2	0.06 NS	0.0007 NS	0.0001 NS	0.00006 NS
P×T	4	0.01 NS	0.0011 NS	0.0004 NS	0.00009 NS
Error	18	0.09	0.0015	0.0005	0.0017
Total	26	-	-	-	-

7.16. Análise de variância da espessura da casca de galinhas poedeiras influenciada pelos níveis de proteína e de TSAA e pela sua interação às 34 semanas de idade.

SOV.	Df.	MS			
		At 22 wk	At 26 wk	At 30wk	At 34 wk
Protein (P)	2	0.03 NS	0.0055*	0.00024 NS	0.001 NS
TSAA (T)	2	0.01 NS	0.0019 NS	0.00022 NS	0.0003 NS
P×T	4	0.3 **	0.0004 NS	0.00026 NS	0.0003 NS
Error	18	0.09	0.0012	0.00039	.00006
Total	26	-	-	-	-

7.17. Análise de variância de alguns parâmetros sanguíneos de galinhas poedeiras influenciados pelos níveis de proteína e de TSAA e pela sua interação às 34 semanas de idade.

SOV.	Df.	MS				
		Uric acid	urea	Creatine	Total protein	GOT
Protein (P)	2	1.60 NS	686.94*	0.74 NS	2.73**	2606.91**
TSAA (T)	2	1.99 NS	190.99 NS	0.50 NS	1.80*	1131.40**
P×T	4	2.46*	149.83 NS	0.52 NS	1.65*	1430.18**
Error	18	.96	147.52	0.52	0.41	102.96
Total	26	-	-	-	-	-

7.18. Análise de variância de alguns parâmetros sanguíneos de galinhas poedeiras influenciados pelos níveis de proteína e de TSAA e pela sua interação às 34 semanas de idade.

SOV.	Df.	MS			
		GPT	Albumen	globulin	A/G ratio
Protein (P)	2	1337.19**	0.39 NS	2.04 NS	0.13 NS
TSAA (T)	2	209.16 NS	0.27 NS	1.43 NS	0.007 NS
P×T	4	216.52*	0.50*	1.04 NS	0.10 NS
Error	18	62.04	0.16	0.63	0.08
Total	26	-	-	-	-

7.19. Análise de variância dos parâmetros de digestibilidade das galinhas poedeiras influenciados pelos níveis de proteína e de TSAA e pela sua interação às 34 semanas de idade.

SOV.	Df.	MS				
		ADM	OMD	CPD	EED	CFD
Protein (P)	2	8.15*	5.42*	2.44^{NS}	107.84*	3.45^{NS}
TSAA (T)	2	8.40*	13.42**	41.07*	7.89^{NS}	.42^{NS}
P×T	4	3.04^{NS}	2.97^{NS}	57.40**	46.04^{NS}	1.74^{NS}
Error	18	2.10	1.34	7.65	27.11	38.97
Total	26	-	-	-	-	-

7.20. Análise de variância do consumo de azoto (g) e do azoto excretado (g) das galinhas poedeiras em função dos níveis de proteína e de TSAA e da sua interação às 34 semanas de idade.

SOV.	Df.	MS	
		N consumed	N excreted
Protein (P)	2	3.01**	0.05**
TSAA (T)	2	0.90*	0.06**
P×T	4	0.40^{NS}	0.06*
Error	18	.21	0.07
Total	26	-	-

7.21. Análise de variância da humidade do ovo inteiro, do albúmen e da gema de galinhas poedeiras influenciada pelos níveis de proteína e de TSAA e pela sua interação às 34 semanas de idade.

SOV.	Df.	MS		
		Whole egg moisture	Albumen moisture	Yolk moisture
Protein (P)	2	3.60^{NS}	1.48^{NS}	3.11*
TSAA (T)	2	3.12^{NS}	1.68^{NS}	0.155^{NS}
P×T	4	5.62**	4.63^{NS}	3.64**
Error	18	1.13	1.39	0.36
Total	26	-	-	-

7.22. Análise de variância dos sólidos do ovo inteiro, do albúmen e da gema de galinhas poedeiras influenciados pelos níveis de proteína e de TSAA e pela sua interação às 34 semanas de idade.

SOV.	Df.	MS		
		Whole egg solids	**Albumen solids**	**Yolk solids**
Protein (P)	2	3.60 NS	1.48 NS	3.11*
TSAA (T)	2	3.12 NS	1.68 NS	0.155 NS
P×T	4	5.62**	4.63 NS	3.64**
Error	18	1.13	1.39	0.36
Total	26	-	-	-

7.23. Análise de variância da albumina e da gema seca de galinhas poedeiras em função dos níveis de proteína e de TSAA e da sua interação às 34 semanas de idade.

SOV.	Df.	MS	
		Albumen dry	**Yolk dry**
Protein (P)	2	0.68 NS	12.48 NS
TSAA (T)	2	0.40 NS	7.87 NS
P×T	4	1.34 NS	18.84 NS
Error	18	0.79	15.48
Total	26	-	-

7.24. Análise de variância da proteína do ovo inteiro, do albúmen e da gema das galinhas poedeiras, influenciada pelos níveis de proteína e de TSAA e pela sua interação às 34 semanas de idade.

SOV.	Df.	MS		
		Whole egg protein	**Albumen protein**	**Yolk protein**
Protein (P)	2	4.23 NS	1.31 NS	32.47 NS
TSAA (T)	2	0.91 NS	9.78**	31.94 NS
P×T	4	5.31 NS	1.88 NS	69.91 NS
Error	18	2.73	1.72	48.76
Total	26	-	-	-

7.25. Análise de variância do extrato etéreo do ovo inteiro, do albúmen e da gema de galinhas poedeiras, influenciado pelos níveis de proteína e de TSAA e pela sua interação, às 34 semanas de idade.

SOV.	Df.	MS		
		Whole egg ether extract	**Albumen ether extract**	**Yolk ether extract**
Protein (P)	2	2.49 ^{NS}	0.0027 ^{NS}	1.66 ^{NS}
TSAA (T)	2	16.12 ^{NS}	0.0019 ^{NS}	14.91 ^{NS}
P×T	4	15.48 ^{NS}	0.0018 ^{NS}	39.33 ^{NS}
Error	18	11.42	0.0174	33.82
Total	26	-	-	-

7.26. Análise de variância do extrato isento de azoto do ovo inteiro, do albúmen e da gema de galinhas poedeiras em função dos níveis de proteína e de TSAA e da sua interação às 34 semanas de idade.

SOV.	Df.	MS		
		Whole egg Nitrogen free extract	**Albumen Nitrogen free extract**	**Yolk nitrogen free extract**
Protein (P)	2	10.74 ^{NS}	0.096 ^{NS}	21.88 ^{NS}
TSAA (T)	2	7.40 ^{NS}	3.98 **	66.40 ^{NS}
P×T	4	14.20 ^{NS}	2.96**	169.53 ^{NS}
Error	18	8.39	0.69	97.15
Total	26	-	-	-

7.27. Análise de variância da matéria orgânica do ovo inteiro, do albúmen e da gema de galinhas poedeiras influenciada pelos níveis de proteína e de TSAA e pela sua interação às 34 semanas de idade.

SOV.	Df.	MS		
		Whole egg organic matter	**Albumen organic matter**	**Yolk organic matter**
Protein (P)	2	0.074 ^{NS}	1.85**	0.70 ^{NS}
TSAA (T)	2	0.40 ^{NS}	0.37**	1.97 ^{NS}
P×T	4	0.19 ^{NS}	0.31**	0.76 ^{NS}
Error	18	0.19	0.046	1.07
Total	26	-	-	-

7.28. Análise de variância da matéria inorgânica do ovo inteiro, do albúmen e da gema de galinhas poedeiras influenciada pelos níveis de proteína e de TSAA e pela sua interação às 34 semanas de idade.

SOV.	Df.	MS		
		Whole egg inorganic matter	**Albumen inorganic matter**	**Yolk inorganic matter**
Protein (P)	2	0.074 NS	1.85**	0.70 NS
TSAA (T)	2	0.40 NS	0.37**	1.97 NS
P×T	4	0.19 NS	0.31**	0.76 NS
Error	18	0.19	0.046	1.07
Total	26	-	-	-

الملخص العربى

اجريت هذه الدراسة في مزرعة ابحاث الدواجن، قسم الدواجن، كلية الزراعة، جامعة الزقازيق، مصر في الفترة من فبراير الي يونية 2011 .

التصميم التجريبى

تم إجراء التجربة على 180 دجاجة لوهمان عمر التبشير وكانت هذه الطيورمتجانسة تقريبا في اوزانها عند بدء التجربة و قسمت هذه الطيورعشوائيا إلى 9 مجاميع تجريبية بكل مجموعة تجريبية 20 طائر، وقسمت كل مجموعة إلى خمس مكرارات بكل مكرر 4 طيور.

حيث تم تصميم تجربة عاملية (3 × 3) لدراسة تأثير ثلاث مستويات من البروتين (16، 18، 20%) وثلاث مستويات من الاحماض الامينية الكبريتية الكلية (0.67، 0.72، 0.77 %) على كل من الاداء الانتاجى ومكونات الدم ومدى تلوث البيئة بالنيتروجين خلال الفترة الانتاجية من 18- 34 اسبوع من العمر.

وكانت أهم النتائج كالأتى:-

1. أثرت المستويات المختلفة من البروتين معنويا على وزن الجسم النهائى والتغير في وزن الجسم عند مستوى معنوية 0.05 ، حيث سجلت الطيور المغذاه على 20 % بروتين خام أعلى وزن للجسم (1860.33 جم/طائر) مقارنة بالمستويات الاخرى من البروتين .

2. لم يلاحظ أى تأثير معنوى للمستويات المختلفة من الاحماض الامينية الكبريتية الكلية على الوزن النهائى للجسم .
3. زاد الغذاء المأكول أثناء الفترة من 26- 30 ومن 30-34 أسبوع من العمر فى العلائق المحتوية على 20% بروتين مقارنة بالعلائق المحتوية على 16 و18 % بروتين.
4. لم يلاحظ تأثير معنوى للمستويات المختلفة من الاحماض الامينية الكبريتية الكلية على نسبة الغذاء الماكول .
5. لايوجد تأثير معنوى للتداخل بين البروتين والاحماض الامينية الكبريتية الكلية على الغذاء المأكول فى كل الفترات التجريبية
6. تحسنت الكفاءة الغذائية بزيادة مستويات البروتين تدريجيا من 16 الي 18 ثم الي 20% اثناء كل الفترات الانتاجية ما عدا الفترة من 18-22 اسبوع من العمر.
7. لوحظ تحسن للكفاءة الغذائية فى الفترة من 26-30 و 18- 34 أسبوع من العمر فى العلائق المحتوية على 0.67 و 0.72 % أحماض أمينية كبريتية مقارنة مع الاخرى.
8. كان تاثير التداخل بين مستويات البروتين والاحماض الامينية الكبريتية على الكفاءة الغذائية معنويا (عند مستوى معنوية 0.01) فقط خلال الفترة من 26-30 اسبوع من العمر.
9. تحسنت الاستفادة من البروتين بزيادة مستويات البروتين تدريجيا من 16 الي 20% اثناء كل الفترات الانتاجية ما عدا الفترة من 30-34 اسبوع من العمر.

10. لوحظ تحسن فى الكفاءة الغذائية فى الفترة من 26-30 أسبوع من العمر فى العلائق المحتوية على 0.67 و 0.72 % أحماض أمينية كبريتية مقارنة مع الاخرى.

11. كان تاثير التداخل بين مستويات البروتين والاحماض الامينية الكبريية معنويا (عند مستوى معنوية 0.01)علي الكفاءة الغذائية للبروتين فقط خلال الفترة من 26-30 اسبوع من العمر.

12. زاد عدد البيض معنويا فى الفترة من 26- 30 أسبوع من العمر فى الطيور المغذاه على علائق محتوية على 18 و 20 % بروتين خام مقارنة بالعلائق المحتوية على 16 % بروتين ولم يلاحظ أى زيادة معنوية فى الفترات الاخرى.

13. لم يلاحظ أى فروق معنوية لانتاج البيض فى العلائق المحتوية على مستويات مختلفة من الاحماض الامينية الكبريتية الكلية خلال كل الفترات التجريبية عدا الفترة التجميعية من 18-34 أسبوع من العمر.

14. أثبت التداخل بين البروتين الخام والاحماض الامينية الكبريتية الكلية وجود معنوية على إنتاج البيض فى الفترة من 26- 30 أسبوع والفترة من 30-34 اسبوع من العمر مقارنة بالفترات الاخرى المدروسة.

15. تاثرت اوزان البيض بالمستويات المختلفة للبروتين في كل الفترات الانتاجية ما عدا الفترة من 18-22 اسبوع من العمر حيث كانت اوزان البيض من الدجاج المغذي علي 16% بروتين اقل من المغذي علي 20% بروتين.

16. لايوجد تأثير معنوى للتداخل بين البروتين والاحماض الامينية الكبريتية الكلية على وزن البيض فى كل الفترات التجريبية.

17. لوحظ زيادة معنوية فى كتلة البيضة فى العلائق المحتوية على على 18 و 20 % بروتين خام مقارنة بالعلانق المحتوية على 16 % بروتين فى كل الفترات التجريبية عدا الفترة الاولى من (18-22 اسبوع).زيادة مستويات البروتين من 16 الي 18% نتج عنه اعلي كتلة للبيضة.

18. تأثرت كتلة البيضة معنويا بالمستويات المختلفة من الاحماض الامينية الكبريتية الكلية فى الفترة التجميعية فقط دون بقية الفترات الاخرى.

19. لم يلاحظ أى تأثير معنوى للتداخل بين البروتين الخام والاحماض الامينية الكبريتية الكلية على كتلة البيض خلال كل الفترات التجريبية.

20. تأثر دليل شكل البيضة بالمستويات المختلفة من البروتين عند عمر 22 أسبوع وذلك مقارنة بالاعمار الاخرى المدروسة.

21. اثرت المستويات المختلفة للبروتين علي صفات جودة البيضة الخارجية عند عمر 26، 30 و 34 اسبوع من العمر بينما لم تتاثر تلك الصفات عند عمر 22 أسبوع من العمر.

22 . لم يلاحظ فروق معنوية على صفات جودة البيضة الخارجية فى العلانق المحتوية على مستويات مختلفة من الاحماض الامينية الكبريتية الكلية فى كل الاعمار المدروسة عدا دليل شكل البيضة عند 22 أسبوع من العمر.

23. أثرت العلائق المختلفة فى البروتين على نسبة البياض والصفار فى جميع الاعمار عدا نسبة الصفار عند 22 أسبوع من العمر.

24. لم يتأثر كل من وحدات هاوف ونسبة القشرة بالبروتين المأكول مع جميع الاعمار عدا 22 أسبوع حيث ان الطيور المغذاة علي مستوي بروتين

16% في العليقة نتج عنها بيض ذو جودة عالية في مواصفات القشرة، وحدات هاوف ودليل شكل البيضة مقارنة ب 18 او 20% بروتين.

25. كما لوحظ التاثير المعنوي لمستويات البروتين المختلفة علي نسبة الصفار للبياض في كل الفترات المدروسة ما عدا عند عمر 22 اسبوع.

26. لم تؤثر المستويات المختلفة من البروتين في العليقة علي كل صفات جودة البيضة الداخلية ماعدا وحدا هاف عند عمر 22 اسبوع ودليل الصفار عند عمر 24 اسبوع.

27. لم يلاحظ أى تأثير معنوى للتداخل مابين بروتين العليقة والاحماض الامينية الكبريتية الكلية المختبرة على كل صفات جودة البيضة الداخلية فى كل الاعمار المدروسة.

28. لم يتأثر التركيب الكيماوى والمكونات الداخلية للبيضة المتمثلة فى(المواد الصلبة والرطوبة والبروتين الخام والمستخلص الاثيرى والمستخلص الخالى من الازوت والاملاح المعدنية الكلية والمادة العضوية) معنويا بالمستويات المختلفة من الاحماض الامينية الكبريتية فى الفترة التجريبية من 18- 34 أسبوع من العمر.

29. تاثر كل من محتوي البيضة من الرطوبة والمواد الصلبة بالتداخل بين المستويات المختلفة من البروتين والاحماض الامينية الكبريتية بينما لم تتاثر باقي المكونات.

30. لم تتاثر محتويات الالبيومين بتغير نسب البروتين في العليقة ما عدا المادة العضوية ونسبة الرماد حيث تاثرت تلك النسب معنويا بالتغير في مستويات البروتين.

31. لم تؤثر المستويات المختلفة من البروتين علي التركيب الكيماوى للصفار ماعدا نسبة الرطوبة والمواد الصلبة.
32. لم يلاحظ أى تأثير معنوى للتداخل مابين بروتين العليقة والاحماض الامينية الكبريتية الكلية المدروسة على التركيب الكيميائي للصفار ما عدا نسبة الرطوبة والمواد الصلبة.
33. لم تؤثر المستويات المختلفة للبروتين الماكول علي كل من الجلوبيولين، نسبة الالبيومين الي الجلوبيولين، حامض اليوريك او الكرياتين بينما تاثر البروتين الكلي والالبيومين واليوريا حيث ارتفعت قيم كلا منهما في الدجاج المغذي علي نسب البروتين المرتفعة والمتوسطة مقارنة باقل مستوي بروتين عند عمر 34 اسبوع.
34. تحسن كل من معامل هضم المادة الجافة والمادة العضوية والمستخلص الاثيرى بتقليل مستويات البروتين فى العليقة.
35. أدي زيادة مستويات الاحماض الامينية الكبريتية في العليقة الي نقص معامل هضم المادة الجافة والمادة العضوية وكذلك البروتين.
36. تأثرمعمل هضم البروتين معنويا بالتداخل بين مستويات البروتين والاحماض الامينية الكبريتية المختلفة.
37. أثرت العلائق المختلفة من البروتين المأكول معنويا على كمية النيتروجين المأكولة والخارجة فى الروث.
38. كان للمستويات المختلفة من الاحماض الامينية الكبريتية تأثير معنوى على النتروجين المأكول والخارج فى الروث، حيث سجلت 0.72 % أحماض امينية كبريتية أعلى كمية نيتروجين مستهلكة (3.98 جم/ يوم) وخارجة (0.527 جم/ يوم).

39. من خلال التقييم الاقتصادى كانت العليقة المحتوية على 16% بروتين خام أعلى كفاءة إقتصاديا، حيث أعطت أعلى كفاءة إقتصادية (5.02%) وكفاءة إقتصادية نسبية (371.85%) مقارنة بالنسب الاخري من البروتين اثناء الفترة من 18-22 اسبوع من العمر.

40. تأثرت الجدوى الاقتصادية بالمستويات المختلفة من الاحماض الامينية الكبريتية حيث أعطت 0.72 % أعلى جدوى إقتصادية مقارنة بالعلائق الاخرى عند جميع الاعمار.ما عدا الفترة من 26-30 اسبوع من العمر حيث سجلت نسبة 0.67% من الحماض الامينية الكبريتة اعلي جدوي اقتصادية.

الخلاصة:

وجد من الناحية الغذائية والاقتصادية ان استخدام 16% بروتين خام في العليقة كان كافيا للحصول علي أفضل أداء إنتاجى وافضل كفاءة إقتصادية للدجاج البياض "اللوهمان" خلال الفترة الاولي من الانتاج (18-26) اسبوع من العمر. ولكن مع التقدم فى العمر حتى الوصول إلى قمة الانتاج فإن ذلك يحتاج الي رفع نسبة البروتين الخام إلى 18% لكى يغطى الاحتياجات الغذائية في تلك الفترة. أيضا يمكن الحصول على أفضل أداء انتاجى عن طريق استخدام 0.72٪ احماض امينية كبريتية. ومع أخذ التداخل بين البروتين والاحماض الامينية الكبريتية فى الاعتبار ينصح بتغذية الدجاج علي عليقة تحتوي علي نسبة 20 % بروتين خام و% 0.72 احماض امينية كبريتية خلال الفترة الانتاجية (18-34 اسبوع من العمر) و ولكن من الناحية البيئية والصحية فان استخدام نسبة البروتين 16% في علائق الدجاج البياض واضافة الاحماض الامينية الكبريتية (الميثيونين+ السيستين) يلعب دورا هاما في الحد من التلوث بالنيتروجين من سماد الدواجن وبالتالي فان الحد من كمية البروتين المستخدمة فى علائق الطيور هو استراتيجية مثالية للتقليل من انتشار غاز الأمونيا الناتج من فضلات الدجاج البياض، وتحسين الظروف البيئية حول الطيور.

العلاقة بين البروتين والأحماض الأمينية الكبريتية فى تغذية دجاج البيض

رسالة مقدمه من

محمود محمد إبراهيم العجوانى

بكالوريوس العلوم الزراعية (الدواجن) - كلية الزراعة – جامعة الزقازيق (2003)

ماجستير العلوم الزراعية (الدواجن) – كلية الزراعة – جامعة الزقازيق (2008)

دكتوراه العلوم الزراعية (الدواجن) – كلية الزراعة – جامعة الزقازيق (2012)

للحصول على درجة

دكتورالفلسفة في العلوم الزراعية

(تغذية دواجن)

قسم الدواجن

كلية الزراعة – جامعة الزقازيق

Printed by Books on Demand GmbH, Norderstedt / Germany